BEI GRIN MACHT SICH IHR WISSEN BEZAHLT

AF514521

- Wir veröffentlichen Ihre Hausarbeit, Bachelor- und Masterarbeit

- Ihr eigenes eBook und Buch - weltweit in allen wichtigen Shops

- Verdienen Sie an jedem Verkauf

Jetzt bei www.GRIN.com hochladen und kostenlos publizieren

GRIN

Marco Schaible

Der Einsatz von Pressen für die Verarbeitung von Faserverbundwerkstoffen: GFK-/CFK Strukturen

Verarbeitungsverfahren für faserverstärkte Kunststoffe

GRIN Verlag

Bibliografische Information der Deutschen Nationalbibliothek:

Die Deutsche Bibliothek verzeichnet diese Publikation in der Deutschen Nationalbibliografie; detaillierte bibliografische Daten sind im Internet über http://dnb.d-nb.de/ abrufbar.

Dieses Werk sowie alle darin enthaltenen einzelnen Beiträge und Abbildungen sind urheberrechtlich geschützt. Jede Verwertung, die nicht ausdrücklich vom Urheberrechtsschutz zugelassen ist, bedarf der vorherigen Zustimmung des Verlages. Das gilt insbesondere für Vervielfältigungen, Bearbeitungen, Übersetzungen, Mikroverfilmungen, Auswertungen durch Datenbanken und für die Einspeicherung und Verarbeitung in elektronische Systeme. Alle Rechte, auch die des auszugsweisen Nachdrucks, der fotomechanischen Wiedergabe (einschließlich Mikrokopie) sowie der Auswertung durch Datenbanken oder ähnliche Einrichtungen, vorbehalten.

Impressum:

Copyright © 2013 GRIN Verlag GmbH
Druck und Bindung: Books on Demand GmbH, Norderstedt Germany
ISBN: 978-3-656-95664-8

Dieses Buch bei GRIN:

http://www.grin.com/de/e-book/286012/der-einsatz-von-pressen-fuer-die-verarbeitung-von-faserverbundwerkstoffen

GRIN - Your knowledge has value

Der GRIN Verlag publiziert seit 1998 wissenschaftliche Arbeiten von Studenten, Hochschullehrern und anderen Akademikern als eBook und gedrucktes Buch. Die Verlagswebsite www.grin.com ist die ideale Plattform zur Veröffentlichung von Hausarbeiten, Abschlussarbeiten, wissenschaftlichen Aufsätzen, Dissertationen und Fachbüchern.

Besuchen Sie uns im Internet:

http://www.grin.com/

http://www.facebook.com/grincom

http://www.twitter.com/grin_com

Untersuchung des Einsatzes von Pressen für die Verarbeitung von GFK-/CFK Strukturen

Bachelor Thesis
Marco Schaible
Wirtschaftsingenieurwesen mit Fachrichtung Maschinenbau

Zusammenfassung:

Durch die Herstellung und Verarbeitung von Formteilen aus faserverstärkten Kunststoffen werden neue Anforderungen an die Pressentechnik gestellt. In dieser Arbeit werden verschiedene Pressentypen analysiert und überprüft, welche Pressen für die Verarbeitung von Faserverbundwerkstoffen geeignet sind. Es wird ein Überblick über die Vielzahl unterschiedlicher Verarbeitungsverfahren vermittelt und verfahrensspezifische Prozessparameter werden diskutiert, anschließend werden aus den gewonnenen Erkenntnissen Anforderungen für die Pressentechnik abgeleitet. Anhand dieser Anforderungen wird ein Vergleich von Pressen mit unterschiedlichen Wirkprinzipien durchgeführt, um für ein zuvor ausgewähltes Herstellungsverfahren ein optimales Pressensystem auszuwählen. Zusätzlich werden Potenziale und Einsatzgebiete einer Mehrtechnologiepresse (3D-Servo-Presse), die für die Metallblechumformung entwickelt wurde, aufgezeigt. Darüber hinaus wird für die Herstellung spezieller Formteile, die mehrere Freiheitsgrade erfordern, ein Werkzeugkonzept für die 3D-Servo-Presse präsentiert.

Abstract:

New demands are placed on the press technology through the manufacturing and processing of molded parts made of fiber-reinforced plastics. In this thesis different press types are analyzed and it is evaluated which presses are suitable for the processing of composite materials. An overview on the variety of different processing methods is communicated and process specific process parameters are discussed in order to derive requirements from these findings for the press technology. Based on this request, presses are compared to different active principles in order to select an optimal press system for a manufacturing process selected beforehand. In addition, potential applications of a multi-technology press (3D servo press), which is designed for sheet metal forming, are mentioned in here. Futhermore, a tool concept for the 3D servo press is presented for the manufacture of specially shaped parts that require multiple degrees of freedom.

Inhaltsverzeichnis

1. Unternehmensvorstellung der Robert Bürkle GmbH

Die Robert Bürkle GmbH mit schwäbischen und westfälischen Wurzeln wurde 1920 gegründet. Vom Stammsitz in Freudenstadt aus entwickelt und produziert das mittelständische Unternehmen mit weltweit 730 Mitarbeitern Maschinen und Anlagen für unterschiedlichste Branchen: Zur Beschichtung und zum Bedrucken von Holzwerkstoffen wie Türen, Möbelteile oder Fußböden, zum Laminieren von Photovoltaikmodulen, Leiterplatten und Plastikkarten. Zusätzlich fertigen die Schwarzwälder Maschinen für die Bauindustrie, auf denen Dämmstoffplatten formatiert werden. Sechstes Standbein ist die Automobilindustrie. Für Zulieferfirmen baut Bürkle Anlagen, zur Herstellung recycelbarer Faserformteile.

Abbildung 1: Unternehmenssitz Robert Bürkle GmbH

Die Exportquote des Unternehmens, das mit 12 Niederlassungen weltweit vertreten ist, beträgt circa 80 %. Um Innovation voranzutreiben wurde im Jahr 2008 ein Innovationszentrum eröffnet, damit zusammen mit Kunden neue Produktentwicklungen getestet und verbessert werden können. Das innovative Unternehmen, das schon mehrere Innovationspreise gewonnen hat, möchte sich in Zukunft mit Verbundwerkstoffen auseinandersetzen und das Produktprogramm um diese Sparte erweitern. Diese Arbeit soll einen Beitrag dazu leisten, den Markt mit den bestehenden Verarbeitungs- und Pressverfahren zu analysieren, um einen eventuellen Markteinstieg von Bürkle zu erleichtern.

2. Einleitung

Nach der Verordnung der europäischen Union zur Begrenzung der Emissionen der Automobilindustrie bis 2020 soll der CO_2-Ausstoß auf durchschnittlich 95 g/km gesenkt werden [1]. Diese Vorgaben dienen dazu, die Wettbewerbsfähigkeit der europäischen Automobilindustrie zu stärken, um die in Zukunft steigende Nachfrage nach effizienten Automobilen bedienen zu können. Darüber hinaus muss der CO_2-Ausstoß reduziert werden, um der Beschleunigung des gegenwärtigen Klimawandels entgegenzuwirken [2]. Diese Entwicklungen führen zu neuen Ansichten in der Transportindustrie. Führende Automobilhersteller versuchen das über Jahre gewachsene Fahrzeuggewicht zu reduzieren und eine Kehrtwende durchzuführen. Um das Fahrzeuggewicht zu verringern, ist ein Umdenken notwendig und die bisher zu teuren Faserverbundwerkstoffe werden für die Industrie zunehmend interessanter, denn durch weitestgehende Automatisierung der Prozesse können Bauteile kostengünstiger hergestellt werden. Hier gilt BMW (Bayrische Motoren Werke) mit dem i3 und dem i8 als Vorreiter im Einsatz von Kohlefaserverbunden in der Großserienproduktion [3]. Aber auch in der Flugindustrie, dem Maschinenbau sowie in der Herstellung von Windkraftanlagen sind Verbundwerkstoffe Stand der Technik. So kann im Maschinenbau beispielsweise die Massenträgheit durch Spannfutter aus kohlefaserverstärktem Kunststoff erheblich gesenkt und somit eine Erhöhung von Drehzahlgrenzen realisiert werden [4].

Die führenden Pressenhersteller haben bereits Pressen für die Verarbeitung von Faserverbunderwerkstoffen in ihrem Produktprogramm und es sind bereits erste automatisierte Lösungen vorhanden. So bieten beispielsweise Krauss & Maffei und Dieffenbacher in einem Gemeinschaftsprojekt eine automatisierte Lösung für ein Hochdruckinjektionsprozess an [5]. Die auf dem Markt vorhandenen Pressen wurden größtenteils aus der Metallumformung adaptiert und an die Anforderungen der Verarbeitung von Faserverbundwerkstoffen angepasst.

Ziel dieser Arbeit ist es, einen Überblick über die Vielzahl an Verarbeitungsverfahren von Faserverbundwerkstoffen zu gewinnen, für die Pressenanwendungen nötig sind. Anhand der gewonnenen Erkenntnisse sollen Anforderungen bestimmt werden, die von der Presse erfüllt werden müssen. Damit die Unterschiede der verschiedenen Pressensysteme deutlich werden wird die Technologie der hydraulischen Pressen mit servoangetriebenen Pressen verglichen, um anschließend eine Presse vorzustellen, die die Wirkungsprinzipien der beiden Pressentypen kombiniert. Es soll aufgezeigt werden, ob für eine solche Mehrtechnologiepresse (3D-Servo-Presse) mögliche Einsatzpotenziale existieren, um diese aufzudecken und zu analysieren. Zusätzlich soll für ein Verarbeitungsverfahren von faserverstärkten Kunststoffen ein Pressenkonzept favorisiert werden.

3. Vorgehensweise

Zu Beginn dieser Arbeit werden zunächst Verbundwerkstoffe definiert und ihr Aufbau erläutert sowie die Gründe für ihr Leichtbaupotenzial geklärt. Bei dem benetzenden Kunststoff kann grundsätzlich zwischen zwei verschiedenen Werkstoffen unterschieden werden. Es soll jeweils ein Überblick über die Vor- und Nachteile, die Verarbeitungsverfahren und deren Prozesse erklärt werden, die sich zwischen den beiden Kunststoffformen wesentlich unterscheiden. Aufgrund der verschiedenen Verfahrensprozesse können unterschiedliche Anforderungen an die Pressentechnik gestellt werden.

Um aufzuzeigen, welcher Pressentyp für die Verarbeitung von Faserverbundwerkstoffen geeignet ist, werden die Resultate der vorherigen Kapitel herangezogen und Anforderungen für die Presse definiert. Hierzu wird in Absprache mit Bürkle ein Verarbeitungsprozess eines Werkstoffs ausgewählt, um die benötigte Pressentechnik für diesen Prozess zu bestimmen.

Auf Basis der zuvor definierten Anforderungen wird ein Vergleich zwischen Servopressen und Hydraulikpressen angestellt, die verschiedene Wirkprinzipien nutzen. Darüber hinaus wird die 3D-Servo-Presse vorgestellt – die einen Betrieb beider Wirkprinzipien ermöglicht –, um diese Presse für den ausgewählten Prozess mit einer Hydraulikpresse zu vergleichen.
Abschließend wird in dieser Arbeit aufgrund der gewonnenen Erkenntnisse im Bereich der Faserverbundwerkstoffe ein Nutzungsszenario für die 3D-Servo-Presse präsentiert, welches die Vorteile, wie beispielsweise die Anzahl der verfügbaren Freiheitsgrade des Stößels, der 3D-Servo-Presse umsetzen kann.

4. Stand der Technik

4.1. Verbundwerkstoffe

Unter einem Verbundwerkstoff versteht man einen Werkstoff, der zwei oder mehreren Materialien synergetisch miteinander verbindet. Nach der Geometrie des Materialverbunds kann man zwischen verschiedenen Formen unterscheiden:

- Teilchenverbundwerkstoffe
- Faserverbundwerkstoffe
- Schichtverbundwerkstoffe
- Durchdringungsverbundwerkstoffe
- Strukturverbundwerkstoffe

Teil dieser Arbeit sind Faserverbundwerkstoffe, die aus einem Verbund aus einer Matrix und einer Faser bestehen, die in Kombination einen hochfesten und steifen Werkstoff ergeben [6].

4.1.1. Die Matrix

Unter der Matrix wird ein Kunststoff verstanden, der die Fasern imprägniert, so dass nach der Verarbeitung ein stabiles Formteil entsteht. Die Matrix übernimmt folgende Aufgaben:

- Kräfte in die Fasern einzuleiten
- Kräfte von Faser zu Faser überzuleiten
- Die geometrische Lage der Fasern und die äußere Bauteilgestalt zu sichern
- Die Faser vor Umgebungseinflüssen zu schützen

Die Qualität des Verbundwerkstoffs wird entscheidend durch die Haftung in den Grenzflächen zwischen Matrix und Faser beeinflusst. Ein Haftvermittler, der auf den Matrixwerkstoff abgestimmt ist, wird auf die Faser aufgebracht und dient zur Verbesserung der physikalischen und chemischen Bindung zwischen Faser und Matrix. Die Matrix schützt die Fasern gegen äußere Einflüsse und die Fasern werden in ihrer Position fixiert. Durch die Grenzfläche zwischen der Matrix und Faser kann Last von der Matrix in die tragenden Fasern eingeleitet werden. Diese „Interphase" hat daher besondere Bedeutung für die mechanischen Eigenschaften und das Langzeitverhalten des Verbundwerkstoffs [6]. Es gibt eine Vielzahl verschiedener Matrixwerkstoffe, die sich in Thermoplasten und Duroplasten einteilen lassen. Anfangs bestanden die Faserverbundwerkstoffe lediglich aus duroplastischem Harz, wie beispielsweise aus ungesättigtem Polyesterharz (UP) oder Epoxidharz (EP). In den heutigen Anwendungen machen diese Materialien immer noch einen Großteil aus. Reaktionsharze haben den großen Vorteil, dass sie bei Raumtemperatur niedermolekular und somit flüssig sind und meist dünnflüssiger als Schmelzen aus Thermoplast. Duroplastische Harzsysteme werden durch die Zugabe von Härtern und Beschleunigern sowie gegebenenfalls Energiezufuhr in Form von Wärme oder Strahlung durch eine chemische Reaktion ausgehärtet, wodurch der Faserverbundwerkstoffe seine Endeigenschaften erhält [7].

4.1.2. Die Verstärkungsfasern

Wenn die Werkstoffe in Faserform vorliegen, sind sie nur selten als Bauteile zielgerichtet einsetzbar. Zu einer interessanten Werkstoffgruppe werden sie erst in kompakter Form und unter Verwendung einer Matrix, die die Fasern benetzen. Somit bestehen Faserverbundwerkstoffe aus Fasern mit hoher gewichtsbezogener Festigkeit bzw. Steifigkeit und aus einer vielfältig gestaltbaren Matrix [7]. Die Preise der Fasern liegen je nach Werkstoff zwischen 2 – 300 Euro/kg und ergeben sich aus den Herstellverfahren sowie den verwendeten Rohstoffen. Zusätzlich haben Marktmechanismen einen Einfluss auf den Preis der Fasern. Glasfasern können durch Schmelzspinnprozesse preiswert und zuverlässig hergestellt werden und sind entsprechend kostengünstig. Für die Herstellung von Aramidfasern sind Rohstoffe in großen Mengen verfügbar, allerdings erfolgt die Herstellung mit niedrigen Geschwindigkeiten und aggressiven Lösungsmitteln im Nassdampfverfahren, was zu höheren Preisen führt (20-30 Euro/kg). Kohlenstofffasern werden in einem Temperaturbereich von 1000-2000 °C hergestellt und der Kohlenstoffgehalt liegt zwischen 92 und 99,90 Gew.-%. Für die Herstellung der Fasern verwendet man vorgeformte hochmolekulare Materialien (Precursor) wie beispielsweise organische Fasern oder Pech [6].
Hinzu kommen die niedrigen Prozessgeschwindigkeiten bei der Herstellung sowie die Preisentwicklung des Rohöls, was je nach Anforderung zu Kosten zwischen 20 und 500 Euro/kg [7] führt. Für die anwendungsbezogene Auswahl der richtigen Faser werden die Steifigkeiten und Festigkeiten der Fasern betrachtet. Die nachfolgende Abbildung gibt einen Überblick verschiedener Fasern sowie den direkten Vergleich zu konventionellen Werkstoffen, wie beispielsweise Metalle und deren Legierungen, hinsichtlich der Steifigkeit und Festigkeit. Bei den angegebenen Werten der Legierungen handelt es sich um die Maximalwerte, sie könnten ebenfalls als Flächen, wie die der Faserverbundwerkstoffe, dargestellt werden.

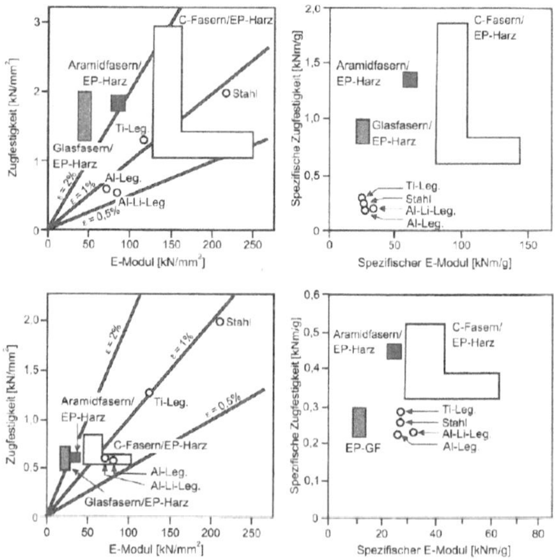

Abbildung 2: Vergleich von Festigkeit und Steifigkeit unidirektionaler und quasiistroper Faserverbunden [7]

In Abbildung 2 ist zu sehen, dass unidirektionale (oben) und quasiisotrope (unten) Faserverbundwerkstoffe auf Basis von absoluten (links) Steifigkeits- und Festigkeitswerte keine klaren Vorteile gegenüber hochfesten metallischen Werkstoffen aufweisen. Nur bei einer der beiden Eigenschaften bieten unidirektionalen Kohlenstoffverbunde Vorteile. Bei quasiisotropen Anordnungen sind Stahl- und Titanlegierungen den Verbundwerkstoffen deutlich überlegen und die Kohlenstofffaserverbunde befinden sich im Bereich der Aluminiumlegierungen.
Werden jedoch die Eigenschaftswerte normalisiert und auf die Dichte der Werkstoffe bezogen, so zeigen diese spezifischen Eigenschaftswerte (rechts), dass ein Bauteil gewichtsmäßig umso leichter ausgelegt werden kann, je größer der spezifische Konstruktionskennwert des eingesetztes Stoffes bei gleicher Belastung ist [7].
Durch die spezifischen Kennwerte der Werkstoffe wird die Überlegenheit der Faserverbundwerkstoffe gegenüber anderen Materialien durch die wesentlich geringere Dichte deutlich. Aus diesem Grund sind selbst bei quasiisotropen Laminaten aus Kohlenstofffasern und EP-Harz spezifische Festigkeits- und E-Modulwerte möglich, die etwa doppelt so hoch sind wie die entsprechenden Werte bei Metallen [7].
Durch den geringen E-Modul von Glasfaserverbundwerkstoffen eignet sich dieser aufgrund seiner guten Federungseigenschaften auch für den Einsatz in Federsystemen. Gründe hierfür sind hohe Festigkeit und Bruchdehnung des Verbundes. Darüber hinaus kann durch das reduzierte Gewicht die Trägheit gemindert werden, womit es sich beispielsweise für Fahrwerksanwendungen eignet [8].

Im folgenden Kapitel werden die Verbundwerkstoffe mit duroplastischer und thermoplastischer Matrix erläutert und deren Verarbeitungsverfahren diskutiert, um einen für Bürkle optimalen Verarbeitungsprozess zu favorisieren. Anhand der gewonnenen Erkenntnisse werden anschließend die Anforderungen an die Pressetechnik abgeleitet.

4.2. Thermoplastische Verbundwerkstoffe

4.2.1. Eigenschaften thermoplastischer faserverstärkter Kunststoffe

Durch das Wegfallen von zeitintensiven chemischen Aushärtereaktionen gegenüber Duroplasten und den großen potenziellen Grad der Automatisierung bieten sich Matrices aus thermoplastischem Material an, um eine große Stückzahl von Bauteilen aus faserverstärktem Kunststoff herzustellen. Thermoplaste besitzen günstige Eigenschaften wie einen hohen Delaminationswiderstand (Widerstand gegen Schichtentrennung im Laminat), hohe Restdruckfestigkeit nach subkritischer Belastung senkrecht zur Laminatebene und Chemikalienbeständigkeit sowie größere Schadenstoleranz, ein hohes Energieaufnahmevermögen und eine sehr hohe Bruchdehnung. Sie sind nicht toxisch, bei Raumtemperatur quasi unbegrenzt lagerfähig und über die Schmelze reversibel formbar und schweißbar. Als Nachteile sind die hohe Schmelzviskosität und die Kriechneigung zu nennen, außerdem die hohen notwendigen Temperaturen bei der thermischen Formgebung und eine schlechtere Oberflächenqualität des fertigen Formteils im Vergleich zu duroplastischen Matrices [7], [9], [10].

Es existieren drei verschiedene Arten von verstärkten Thermoplasten: kurzfaserverstärkte- (0,2 mm), langfaserverstärkte- (bis 25 mm) sowie endlosfaserverstärkte Thermoplaste. Kurzfaserverstärkte Thermoplaste werden hauptsächlich in der Spritzgießverarbeitung als Versteifung und Verstärkung der Matrix eingesetzt. Die langfaserverstärkte Thermoplaste werden meist von einem Plastifizierextruder in eine Presse eingebracht und verarbeitet. Endlosfaserverstärkte Thermoplasten werden vorwiegend zu Halbzeugen wie Organoblechen weiterverarbeitet, die im nachfolgenden Kapitel erläutert werden.

Thermoplaste gehen erst bei einer Temperatur ab 200 °C vom festen in den fließfähigen Zustand über. Der Verarbeitungsprozess ist somit in Erwärmung, Umformung und Abkühlung gegliedert.
Aufgrund der langen Zykluszeit und dem großen Anteil an manuellen Arbeitsgängen sowie den hohen Verarbeitungskosten der duroplastischen Matrices wird der Nutzen der Faserverbundkunststoffe mit duroplastischer Matrix aus wirtschaftlicher Sicht eingeschränkt und stärkt somit das Interesse an Verbundwerkstoffen mit thermoplastischer Matrix.
In den letzten Jahren haben auch Umweltaspekte an Bedeutung gewonnen. Die Emissionen bei der Verarbeitung von Thermoplasten sind deutlich geringer als bei der chemischen Vernetzung von Duroplasten. Nach Ende der Lebensdauer bestehen im Vergleich zu Duroplasten einfachere Möglichkeiten des Recyclings, z.B. als kurzfaserverstärktes Spritzgießgranulat nach dem Schreddern von kontinuierlich verstärkten Faserverbundwerkstoffen [9]. Außerdem können Stanzabfälle genutzt werden, um kleine Bauteile nach erneuter Erwärmung umzupressen. Es können zwei bis vier Wiederverwertungszyklen durchgeführt werden ohne dass ein Absinken der mechanischen Eigenschaften eintritt [6].

Nachfolgend werden Verfahren zur Herstellung von Formteilen aus Organoblechen aufgezeigt und verfahrenspezifische Prozessparameter diskutiert.

4.2.2. Herstellungsverfahren für Formteile aus Organoblech

Beim Thermoformen wird von voll imprägnierten und konsolidierten Halbzeugen (Organoblechen) ausgegangen, d.h. die Fasern sind bereits vollständig mit Kunststoff benetzt und es befindet sich keine Luft mehr im Material. Das Halbzeug wird lediglich durch Erwärmung und anschließendes Pressen in kurzen Zykluszeiten zu dreidimensionalen Bauteilen umgeformt. Während der Umformung durchläuft der Werkstoff keine chemische Umwandlung. Die Analogie zum Stahlblech führte zur Namensgebung des Organoblechs. Derzeit nimmt vor allem die Automobilindustrie bei der Verwendung von Organoblechen eine zögerliche Haltung ein, was auf die immer noch sehr hohen Preise für die Halbzeuge und die im Vergleich zu duroplastischem Matrixmaterial schlechten Oberfläche zurückzuführen ist [12].
Die Konsolidierung der Organobleche erfolgt in der Regel mittels Doppelband- oder Intervallheißpressentechnik, die zuvor entweder aus Prepregs (preimpregnated Fibers) oder auch direkt aus Verstärkungsfasertextil und Thermoplast mittels Schmelz- oder Folienimprägnierung (Filmstacking) hergestellt werden. Es ist anhand der Doppelbandpressentechnik möglich, den Herstellungsprozess von Fasern mit thermoplastischen Polymeren kontinuierliche Organobleche herzustellen [13]. Diese Technologie bietet außerdem die Vorteile der schnellen Imprägnierung, der einfachen Qualitätssicherung, den kurzen Rüstzeiten und der vollen Automatisierbarkeit. Den Vorteilen stehen jedoch hohe Investitionskosten der Anlage entgegen. Darüber hinaus besteht die Möglichkeit, Organobleche mittels diskontinuierlichen beheizten Pressen zu konsolidieren [14].

Durch die Analogie zum Stahlblech wurden bereits Verarbeitungsverfahren aus der Blechbearbeitung adaptiert. So sind bereits Rollformen [9], Gleitziehbiegen [15] und Stempelumformen [10] von faserverstärkten thermoplastischen Verbundwerkstoffen Stand der Technik.

Das folgende Schaubild veranschaulicht den Prozess von der Herstellung bis zur Verarbeitung des Organoblechs mittels Stempelumformverfahren.

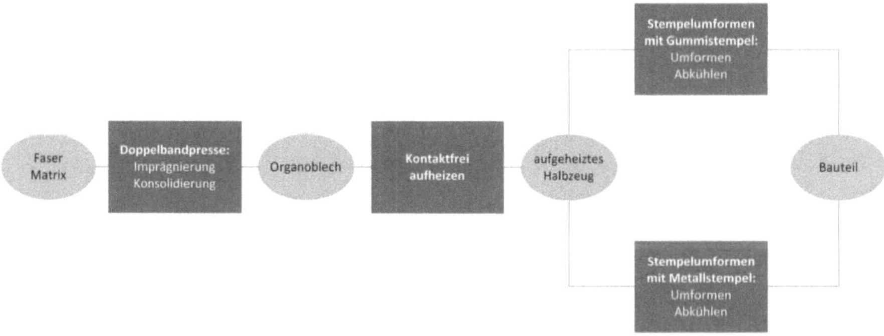

Abbildung 3: Prozess von der Organoblechherstellung bis zur Umformung

Da für die Automobilindustrie aber auch für andere Industriezweige die Taktzeit höchste Priorität hat, werden in dieser Arbeit ausschließlich die Stempelumformverfahren betrachtet. Bei den Stempelumformverfahren kann auf eine Konsolidierung im Umformprozess verzichtet werden, was eine kurze Taktzeit des Prozesses ermöglicht. Zunächst werden physikalische Vorgänge während des Umformvorgangs erklärt, da diese einen großen Einfluss auf die Bauteilqualität ausüben. Anschließend wird die thermische Prozessführung (erhitzen des Organoblechs) analysiert, da dieser Teilprozess einen großen Anteil am Gesamtprozess einnimmt. Abschließend wird auf die Prozessgrößen des Umformens eingegangen und es werden zwei Umformverfahren vorgestellt.

4.2.2.1. Vorgänge in Thermoplastlaminaten bei der Umformung

Beim Thermoformen erfolgt die Ausformung der dreidimensionalen Bauteilgeometrie nicht durch Fließen des Materials, sondern ausschließlich durch das Drapieren der Verstärkerstruktur, meist ein Gewebe. Hierbei wird unter Drapierung die sphärische Verformbarkeit von textilen Flächengebilden ohne Faltenbildung verstanden. Das Verfahren ist großserientauglich, die Formteile sind allerdings in ihrer Geometrie eingeschränkt und es sind hauptsächlich nur schalenförmige Geometrien möglich [6], [10].
Während eines Umformprozesses des Gewebes treten verschiedene Effekte auf, die in Abbildung 4 aufgezeigt werden.

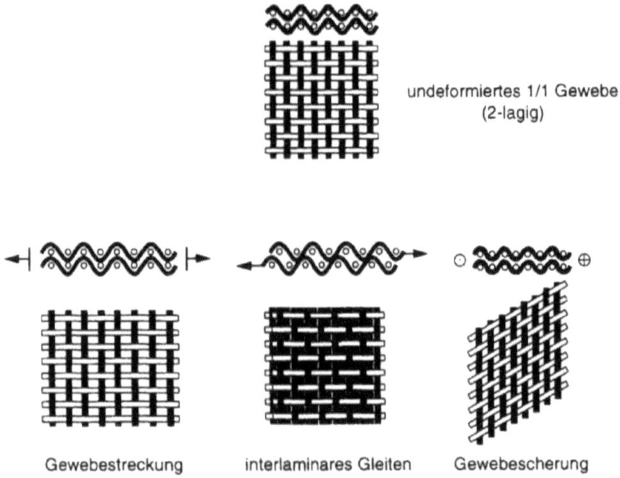

Abbildung 4: Makroskopische Umformvorgänge [16]

Die **Gewebestreckung** ist von Gewebematerial sowie der Gewebedicke abhängig. Außerdem haben auch die Anzahl der Filamente (Fasern mit nahezu unbegrenzter Länge) und die Fadendicke einen Einfluss auf die Gewebestreckung. Die durch BREUER [16] gemessenen Werte der Gesamtstreckung haben ergeben, dass die Streckung mit 1 % der Gesamtlänge sehr gering ist, dadurch ergibt sich ein vernachlässigbarer geometrischer Einfluss auf die Umformbarkeit von Organoblechen. Dies wurde durch HÖRSTING [17] bestätigt.

Ein weiterer Effekt ist das **interlaminare Gleiten**. Es handelt sich dabei um einen für die Umformung von Organoblechen sehr wichtigen Vorgang, da bei der Biegeumformung durch interlaminares Gleiten Faserknicken und/oder -bruch sowie Delamination verhindert wird. Interlaminares Gleiten kann durch negative äußere Bedingungen während des Umformvorgangs behindert werden [18]. Bei allen genannten Merkmalen ist außerdem mit einer Beeinträchtigung der lokalen Bauteilfestigkeit und Bauteilsteifigkeit zu rechnen. Dieser Effekt wurde bereits mehrfach untersucht, wie beispielsweise von SCHERER [19]. SCHERER untersuchte anhand einer theoretischen Modellierung zur Beschreibung des Zwischenlagenabgleitens mit Auszugversuchen einzelner Lagen den Einfluss unterschiedlicher Umformbedingungen wie Auszuggeschwindigkeit, Temperatur oder Lagenaufbau. Aber auch HOU [20] untersucht die negativen Einflüsse, die interlaminares Gleiten verhindern können.

Unter **Gewebescherung** versteht man die Veränderung der Winkel zwischen Kett (Fäden in Längsrichtung)- und Schussfäden (Fäden in Querrichtung) während des Drapierens von sphärischen Geometrien, was das Ablegen des Gewebes in gekrümmten Formen überhaupt erst möglich macht. Ausgehend von 90° zwischen den Kett- und Schussfäden verringert sich der Winkel, bis der maximale Scherwinkel erreicht ist.

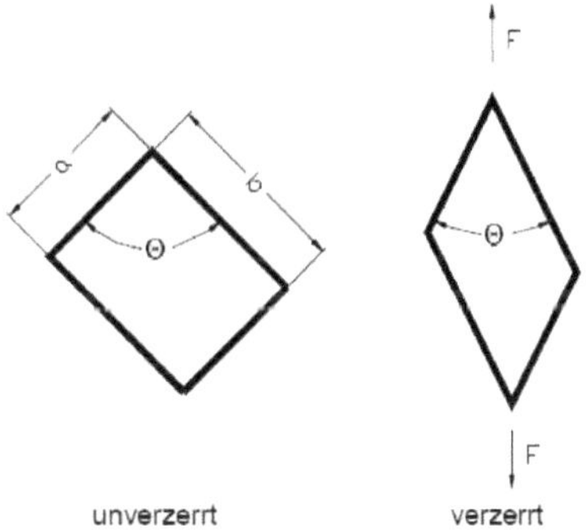

Abbildung 5: Diagonale Verzerrung einer Gewebemasche [10]

Wird die Scherung über den maximalen Scherwinkel hinaus fortgesetzt, zeigen sich durch die auftretenden Spannungen Falten im Gewebe, da das Gewebe nicht weiter verdichtet werden kann. Ziel einer qualitätsorientierten Umformung ist es, den Grenzscherwinkel nicht zu erreichen.

Wenn die Geometrie des Bauteils nicht verändert werden darf, gibt es zwei Arten das Erreichen des Grenzscherwinkels zu vermeiden [6].

- Aufbringen von Vorspannkräften in das Gewebe (Zugspannung)
- Verwendung eines Gewebes mit einer anderen Bindungsart

Das Aufbringen von Zugspannungen kann durch ein geeignetes Niederhaltersystem realisiert werden. Nach BREUER [16] kann zwischen drei Systemen unterschieden werden. Die Halbzeuge können gelocht oder vorgebohrt werden, um die Organobleche in einem Spannrahmen durch Federn zu fixieren. Nachteil dieser Methode sind die gelochten Zonen, die als Verschnitt anfallen und sich diese Methode somit nicht für eine Prozessautomatisierung eignet. Zusätzlich können die Organobleche mittels großflächiger Niederhalter fixiert werden. Die Krafteinleitung erfolgt durch Reibung, die zu Beschädigungen des Bauteils führen kann. Ein weiterer Nachteil ist die Abkühlung des Laminats durch die großflächigen Halter, die vor Beginn der Umformung installiert werden und somit eine geringeres Temperaturniveau besitzen.

Eine Verbesserung kann durch ein rollenbasiertes Niederhaltersystem realisiert werden. Das Werkstück wird durch gerändelte Rollen eingeklemmt und das Organoblech kann formschlüssig fixiert werden, ohne Beschädigungen zu erleiden. Die Rollen sind konisch gelagert und können durch Stellschrauben justiert werden, was zu einer homogenen Membranspannung führt [16].

Ein weiterer wichtiger Einfluss beim Umformprozess ist die **Reibung zwischen Werkzeug und Laminat** wie auch zwischen den einzelnen Lagen des Laminats. Hierzu existieren Werkstoffmodelle, die den Reibungskoeffizienten als Funktion der Relativgeschwindigkeit, der Temperatur, der aufgebrachten Normalkraft und der Faserorientierung an der Oberfläche beschreiben. Dies wurde umfassend durch experimentelle Versuche beschrieben
[10], [16], [21].
BHATTACHARYYA [22] stellt fest, dass viele Konzepte und Techniken aus der Metallblechverarbeitung übernommen werden können, obwohl es grundlegende Unterschiede zwischen Metall- und Organoblechen gibt. Nur sehr wenige Prozesse wurden ursprünglich für thermoplastische Verbundwerkstoffe entwickelt, denn die Mehrzahl wurde aus der Metallblechumformung adaptiert oder von Verfahren für duroplastische Verbundwerkstoffe übernommen.

4.2.2.2. Thermische Prozessführung

Eingeleitet wird der Thermoformprozess durch das Aufheizen des Organoblechs, bis die Matrix ihren Schmelzpunkt erreicht und der Matrixfaserverbund einen biegeschlaffen Zustand einnimmt. Typische Verfahren hierfür sind Aufheizen durch Kontaktheizung, Umluftofen oder im Strahlerfeld [16]. Wie in der folgenden Grafik zu sehen ist, spielt das Aufheizen innerhalb des Prozesses für die Taktzeit eine große Rolle. Aus diesem Grund wird die thermische Prozessführung in dieser Arbeit betrachtet, da hier große Einsparpotenziale bestehen was die Taktzeit betrifft. Darüber hinaus kann die Vorheizstation in der Presse integriert sein und ist somit für die Konzeption relevant. Zusätzlich ist es möglich mehrere Organobleche gleichzeitig auf Schmelzpunkttemperatur zu bringen, um die Taktzeit wesentlich zu verkürzen.

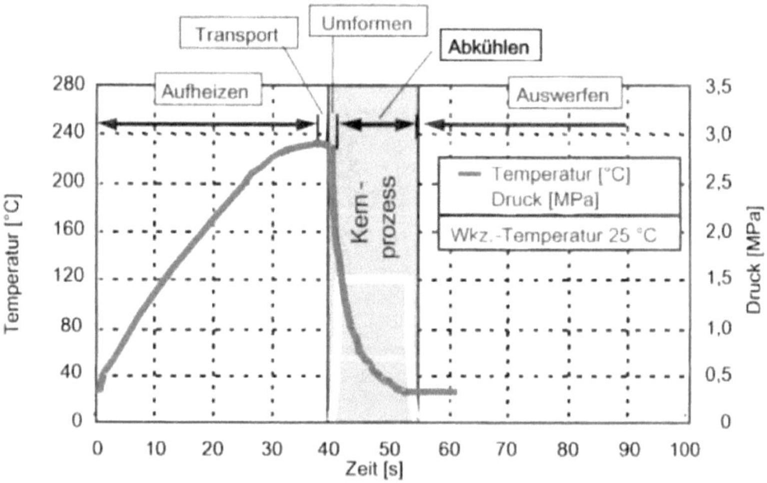

Abbildung 6: Taktzeiten beim Stempelumformen [6]

Es ist darauf zu achten, dass die zulässige Umformtemperatur nicht überschritten wird, da sonst Verfärbungen, Zersetzungen, Oxidationen drohen oder es sogar zu Entzündungen des Laminats kommen kann. Mit Verlassen der Vorheizeinrichtung beginnt der Abkühlvorgang des Laminats, somit sollte das Laminat innerhalb weniger Sekunden von der Vorheizeinrichtung in das Werkzeug eingelegt werden, um die verlorene Wärmemenge so gering wie nur möglich zu halten.

Sinnvoll ist es beispielsweise, den Zuschnitt bis zum Schließen des Werkzeugs über der Werkzeugmatrize gespannt zu halten, ohne dass der Zuschnitt das Werkzeug berührt. Erst der Stempel des sich schließenden Werkzeugs soll den Zuschnitt in das Werkzeug ziehen, damit die Berührung mit dem kalten Werkzeug zum letztmöglichen Zeitpunkt stattfindet. Mit der Berührung des Laminats mit dem Werkzeug geht die im Laminat vorhandene Wärmemenge auf das Werkzeug über und das Abkühlen des Laminats wird eingeleitet. Aus diesem Grund werden üblicherweise schnellschließende, hydraulische Pressen verwendet, da man vermeiden will, dass das Bauteil frühzeitig an Temperatur verliert und dass sich das thermoplastische Material verfestigt [6]. Die Wärmekapazität wie auch die Wärmeleitfähigkeit ist bei Aluminium wesentlich besser als bei Silikonelastomeren. Eine hohe Temperatur des Werkzeugs führt zu einem langsameren Umformvorgang, was mit einer längeren Zykluszeit einhergeht. Insbesondere beim Thermoformen von dickwandigen und matrixreichen Laminaten reicht in der Serienfertigung die natürliche Wärmeabgabe der Werkzeuge an die Umgebung bzw. das Pressengestell normalerweise nicht für das Abkühlen der Werkzeugtemperatur aus [10]. Um eine Werkzeugüberhitzung zu vermeiden kann ein externer Wärmetauscher verwendet werden. Außerdem ist es möglich Kühl -bzw. Wärmeleitungen in das Werkzeug zu integrieren.

4.2.2.3. Umformen von Organoblechen

Gemeinsam haben alle der im Folgenden aufgeführten Verfahren die Prozessschritte Vorbereiten, Aufheizen, Umformen, Abkühlen und Entformen, wie in der folgenden Abbildung aufgezeigt.

Abbildung 7: Verfahrensschritte des Thermoformens

Das in der Regel erforderliche Besäumen (Beschneiden) der Werkstücke erfolgt meist in einem getrennten Prozess ebenso wie die Anwendung von Fügetechniken zur Verbindung von Bauteilen. Fertigungsverfahren führen die Komponenten Matrix und Faserstruktur über in Verbundwerkstoffbauteile der gewünschten Geometrie, in der Regel unter Verwendung der bereits beschriebenen Halbzeugformen.

Bei der Herstellung des Bauteils mit vorgegebener Geometrie und Faserorientierung sind nach BERTHOLD [10] folgende Prozessgrößen variierbar:

- Umformgeschwindigkeit
- Schließkraft
- Vorwärmtemperatur des Laminats
- Einleitungsort, Richtung und Größe der Vorspannkräfte

Infolge der geschwindigkeitsabhängigen Scherspannung führen schnelle Schließbewegungen durch viskose Reibeinflüsse zu erhöhten Umformkräften. Es ist außerdem darauf zu achten, dass bei sehr hohen Umformgeschwindigkeiten (über 50mm/s) Luft zwischen Laminat und Werkzeug eingeschlossen werden kann. Diese Luft kann durch den Umformvorgang verdichtet werden, wodurch der Stempelbewegung ein zusätzlicher Widerstand entgegengesetzt wird. Außerdem kann das Entweichen der komprimierten Luft zu Fehlstellen im Laminat führen [10].
Ein zu langsames Schließen des Werkzeugs führt andererseits jedoch zu einer fortgeschrittenen Abkühlung des Laminats, was im Extremfall zu einer vorzeitigen Erstarrung der Matrix führt. Aus diesem Grund sind hohe Umformgeschwindigkeiten notwendig, die beispielsweise mit einem Algorithmus nach BERTHOLD [10] bestimmt werden können.
Nach Herstellerangaben [23] sollte die Umformtemperatur zwischen 210 °C und 230 °C liegen, ein Transport innerhalb von zwei bis drei Sekunden erfolgen und eine Pressengeschwindigkeit von über 50 mm/s angestrebt werden. Die Schließgeschwindigkeit während der eigentlichen Umformung sollte bei circa 5 mm/s und der Enddruck auf 5-100 bar steigt. Der notwendige Druck ist von der Oberfläche, der Komplexität und dem Bauteilmaterial abhängig. Das Formteil sollte bei einer Temperatur von unter 110 °C entnommen werden, um eine vollständige Aushärtung gewährleisten zu können (ausgehend von einem Organoblech aus Kohlefaser mit 45 % Faservolumenanteil).

Die Besonderheit bei der Umformung gewebeverstärkter Thermoplaste ist das abweichende Verhalten im Anschluss der Umformung. Metalle weisen eine Rückfederung auf, die auf den elastischen Anteil an der Verformung zurückzuführen ist. Die Formgebung von kontinuierlichen Verbundwerkstoffen mit thermoplastischer Matrix weist ein gegenteiliges Verhalten auf, eine Vorfederung. Der eingeschlossene Winkel zwischen benachbarten Flächen ist hierbei kleiner als durch die Werkzeuge bei der Verformung vorgegeben. Das thermisch induzierte Verhalten basiert auf der Abkühlung eines anisotropen Materials in Abhängigkeit der Formgebungstemperatur. Die Ursache liegt in den unterschiedlichen thermischen Ausdehnungskoeffizienten in Richtung der faserverstärkten Lagen und senkrecht dazu, d.h. in Dickenrichtung der Organobleche [24].

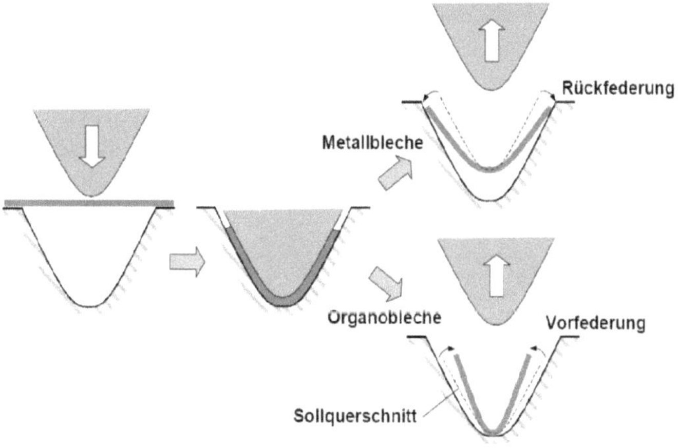

Abbildung 8: Vor- und Rückfederung durch die Umformung [24]

Pressverfahren sind dadurch gekennzeichnet, dass eine hohe Reproduzierbarkeit auch enger Toleranzen möglich ist, die Taktzeiten gering sind und eine weitgehend automatisierte Fertigung gewährleistet ist. Aus diesem Grund sind Pressverfahren für große Stückzahlen geeignet, was sich auch in der Wirtschaftlichkeitsbetrachtung als positiver Faktor zeigt [6].

Nachfolgend werden zwei unterschiedliche Stempelumformverfahren beschrieben, die sich in der Stempelgeometrie und dem Stempelmaterial unterscheiden und somit Einfluss auf Prozessparameter wie die Bauteilgeometrie oder Werkzeugstandzeit ausüben.

4.2.2.4. Stempelumformverfahren

Unter Stempelumformverfahren werden Verfahren verstanden, die als umformendes Medium einen Stempel verwenden, der beispielsweise aus Aluminium oder Elastomer besteht. Grundsätzlich haben die Verfahren die Eigenschaft, mit schnell schließenden Pressen extrem kurze Umform- und damit Taktzeiten zu realisieren [16]. Die aktuell noch hohen Preise der Organobleche (ca. 80 Euro/kg bei 50 % Faservolumengehalt und PA(Polyamid)-Matrix [25], vgl. 1,62 Euro/kg für Aluminium [26]), sind dadurch begründet, dass die verwendeten Halbzeuge vor dem Umformprozess vollständig vorimprägniert werden müssen und hierfür große Investitionen für Maschinen nötig sind (vgl. Kapitel 4.2.2). Die folgende Abbildung gibt einen Überblick über die notwendigen Temperaturen des Organoblechs und des Werkzeugs sowie den erforderlichen Pressdruck für unterschiedliche thermoplastische Matrices.

Polymer	Organoblechtemperatur [°C]	Werkzeugtemperatur [°C]	Umformdruck [bar]
PP	230	90	20-40
PA 6	270	130	20-40
PA 12	240	100	20-40
PC	300	130	20-40
PET	300	130	20-40
PBT	260	100	20-40
PPS	320	120	20-40
PEEK	360	100	20-40

Tabelle 1: Notwendige Temperatur und Drücke für die Umformung von Thermoplasten nach [27]

Im Folgenden werden die Stempelumformverfahren mittels Metallstempel und Elastomerestempel aufgezeigt und die Vor- und Nachteile sowie die verfahrensspezifische Prozessgrößen betrachtet und diskutiert.

Stempelumformverfahren mit Metallstempel

Das Werkzeug beim Stempelumformen mit aufeinander abgestimmten Metallwerkzeugen kann mit Heiz-/Kühlborungen ausgestattet werden, um eine möglichst gleichbleibende Temperatur – trotz des instationären Wärmeeintrags durch die erwärmten Organobleche – sicherzustellen. Schematisch ist in der nachfolgenden Abbildung der Vorgang des Umformens mittels Metallstempel aufgezeigt.

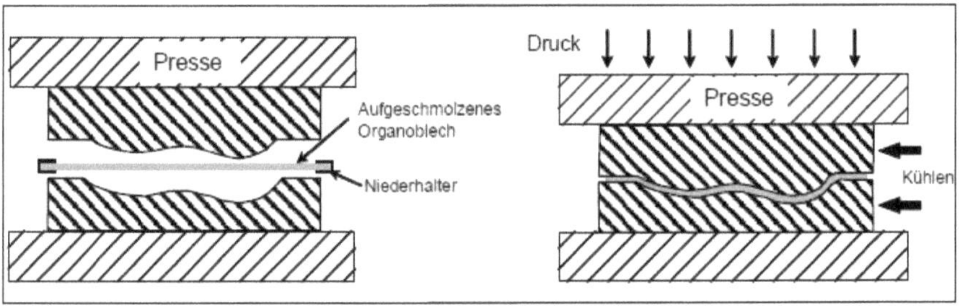

Abbildung 9: Schema des Umformens mit Metallstempel [9]

Das Verfahren mit abgestimmten Metallwerkzeugen kann extrem kurze Taktzeiten realisieren und ist somit für Großserien geeignet. Auch kleine Radien (< 5 mm) sind exakt formbar und es kann eine hohe Reproduzierbarkeit der Formteilgenauigkeit erreicht werden. Ferner sind die hohe Werkzeugstandzeit aber auch die geringe Störanfälligkeit als Vorteile des Verfahrens zu nennen. Außerdem kann durch die gute Temperierung der Werkzeuge eine steuerbare und gleichmäßige Abkühlung der Laminatober- und Unterseite gewährleistet werden, was die Gefahr von Eigenspannungen und dadurch ein Verklemmen der Formteile verringert. Den Vorteilen stehen einige Nachteile gegenüber, da Organobleche Halbzeuge mit hohem Faservolumengehalt und somit in Dickenrichtung praktisch inkompressibel sind. Es können daher nur Halbzeuge mit eng tolerierter

Ausgangsdicke verwendet werden. Dickenänderungen der Halbzeuge würden neu angepasste Presswerkzeuge erfordern, insbesondere bei hohen Anforderungen an die Oberflächenqualität, was die Flexibilität des Prozesses einschränken würde. Zur Vermeidung von lokalen Delaminationen ist der Pressspalt der Dickenverteilung der Formteile möglichst genau anzupassen. Um Faltenbildungen vorzubeugen, aber auch die Nachführung des Laminats sicherzustellen, ist eine spezielle Niederhaltertechnik notwendig. An steilen Flanken besteht bei unzureichendem Druck normal zur Formteilebene die Gefahr von Delaminationen. Hinterschneidungen können verglichen mit Werkzeugen aus elastischem Material nur mit erheblichem Aufwand realisiert werden. Außerdem sind hohe Investitionskosten der Werkzeuge als Nachteil zu nennen, was das Verfahren auf die Großserienfertigung beschränkt [6], [16].

Das Stempelumformen mit Metallwerkzeugen ist bisher nur für kleine Formteile Stand der Technik. Komplexere Bauteile befinden sich insbesondere aufgrund der Faltenbildungsproblematik noch im Entwicklungsstadium. Für den Durchbruch des Verfahrens in einer Großserie fehlt es derzeit noch an zuverlässig arbeitenden Simulationsprogrammen, welche die sich einstellende Formteildickenverteilung für beliebige Formteilgeometrien nach der Umformung prognostizieren [16].
Die Herausforderung, die sich für Simulationsprogramme stellt, ist die Scherung, die während des Umformvorgangs den Winkel zwischen 0° und 90° der Gewebelagen und damit auch die aufgespannte Fläche verändert. Nach dem Gesetz der Volumenkonstanz muss sich bei kleiner werdenden Flächen die Dicke vergrößern. Für den Werkzeugbau bedeutet dies, dass nicht von einer Kavität konstanter Dicke ausgegangen werden kann.

Die Simulation des Thermoformprozesses ermöglicht zwar die Faserorientierung und somit auch die Laminatdicke annähernd zu berechnen, vernachlässigt dabei aber das reale Fließverhalten der Matrix. Diese fließt durch die Druckbeanspruchung der Gewebescherung nicht ausschließlich tangential zum Gewebe, sondern auch längs der Fasern. Aus diesem Grund gibt es bis heute noch keine exakte mathematische Beschreibung der resultierenden Laminatdicke in Abhängigkeit der Gewebedrapierung- bzw. scherung [12].
Im Folgenden werden die Vor- und Nachteile des Umformens mittels Metallstempel zusammenfassend aufgeführt.

Vorteile:

- Extrem kurze Zykluszeit
- Sehr gute Ausformung kleiner Radien und Ecken
- Sehr gute, reproduzierbare Formteilgenauigkeit und Oberflächen
- Hohe Werkzeugstandzeit
- Minimierung von Eigenspannungen und Verzug im Bauteil
- Hoher Automatisierungsgrad

Nachteile:

- Vollständig imprägnierte Halbzeuge erforderlich
- Exakte Einhaltung der Werkzeugkavität notwendig
- Variation der Laminatdicke bedingt jeweils eine neue Matrize oder Patrize
- Kein Druck senkrecht zur Pressrichtung
- Niederhalter gegen Faltenbildung notwendig
- Hinterschneidungen nur mittels kostenintensiver Schikanenwerkzeuge möglich
- Vergleichsweise hohe Werkzeugkosten

Stempelumformverfahren mit elastischem Stempel

Ein weiteres Stempelumformverfahren stellt das Stempelumformverfahren mit elastischen Stempeln, die vorwiegend aus Silikonelastomeren hergestellt werden, dar. Die Stempel sind in verschiedenen Härten verfügbar und besitzen eine sehr gute Wärmebeständigkeit. Wie in Abbildung 10 zu sehen ist, stimmt die spannungsfreie Stempelform nicht notwendigerweise mit der Bauteilkontur überein.

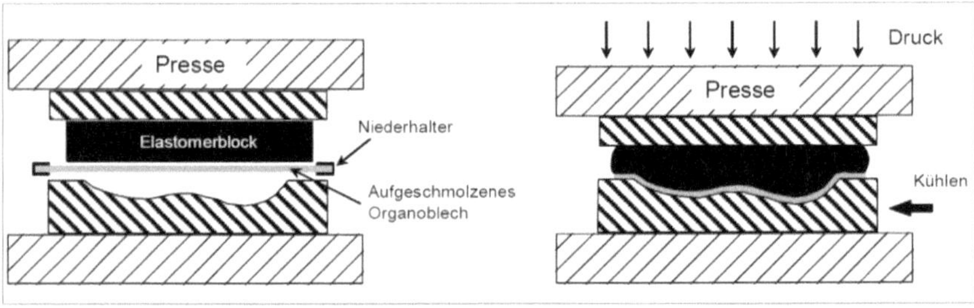

Abbildung 10: Schema des Umformens mit Elastomerblock [9]

Die schlechte thermische Leitfähigkeit der Elastomere führt zu einer schwierigen Temperierung des elastischen Stempels, was die Wärmebilanz des Prozesses zu einer wesentlichen Frage der Prozessauslegung macht. Von besonderem Interesse sind die geschwindigkeitsabhängigen Effekte während der Umformung, da die Umformung normalerweise mit hohen Schließgeschwindigkeiten erfolgt. Zur Berechnung der Stempeldeformation ist die Abschätzung der Umformkräfte notwendig [10]. Mit dem Vorteil, Hinterschneidungen abbilden zu können, ist darauf zu achten, dass das fertige Formteil aus dem Werkzeug entformt werden kann. Die harte Werkzeugmatrize kann mehrteilig ausgeführt sein und bewegliche Schieber besitzen, um die Kinematik des Materialeinzugs, den Verlauf des Laminat-Werkzeug-Kontakts oder die Entformung zu beeinflussen [28]. Als weiteren Vorteil des Umformens mit elastischem Stempel kann die einseitig bessere Oberflächenqualität genannt werden sowie die Variation der Laminatdicke und des Lagenaufbaus, was auf die automatische Dickenanpassung zurückgeführt werden kann [12].

Die Pressen- und Werkzeugauslegung muss in der Regel nach dem Kraftniveau in der Konsolidierungsphase folgen. Nach dem vollständigen Anschmiegen des Stempels kann für die Pressenauslegung näherungsweise von einer hydrostatischen Druckverteilung im elastischen Stempel ausgegangen werden, womit sich auch senkrechte Wände verwirklichen lassen. Der Vorgang der Dickenänderung durch Gewebescherung und Matrixfließvorgänge kann somit für die Werkzeug- und Prozessgestaltung, im Vergleich zur Umformung mittels Metallstempel, vernachlässigt werden. Eine Simulation des Vorgangs ist somit nicht notwendig und die erforderliche Presskraft wird über die Multiplikation der projizierten Fläche bestimmt. Nach Herstellerempfehlungen liegt der erforderliche hydrostatische Druck für die Konsolidierungsphase im Bereich von 1 bis 2 N/mm^2 [10].

Im Folgenden wird ein Überblick der Vor- und Nachteile aufgezeigt.

Vorteile:

- Extrem kurze Zykluszeiten
- Niedrigere Herstellkosten des Stempels gegenüber Metallstempel
- Homogene Druckverteilung auch orthogonal zur Pressrichtung
- Einseitige hohe Oberflächenqualität
- Hoher Automatisierungsgrad

Nachteile:

- Vollständig imprägnierte Halbzeuge erforderlich
- Niederhalter gegen Faltenbildung notwendig
- Gegenüber Metallstempel eingeschränkte Bauteilkomplexität
- Ausformbarkeit kleiner Radien und Ecken

Außerdem bieten Stempel mit elastischem Material gegenüber Stempeln aus Metall den Vorteil, dass die Laminatnachführung durch die Stempelgeometrie beeinflusst werden kann und somit auch Formen wie in Abbildung 11 umsetzbar sind, ohne das Laminat zu beschädigen. Der Ort der maximalen Zugspannung bei der Umformung mit Metallstempel, die durch Reibung und Klemmung induziert wird, ist in der folgenden Abbildung durch Pfeile dargestellt.

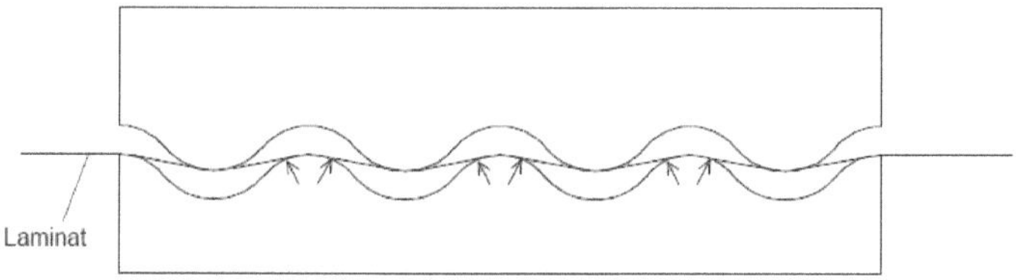

Abbildung 11: Probleme der Laminatnachführung bei Metallstempeln [28]

Durch eine geeignete Geometrie und der Verwendung eines Elastomerestempels kann das Laminat geführt und Beschädigungen des Laminats verhindert werden. Eine mögliche Lösung wird durch ROBROEK [28] aufgezeigt. Der elastische Stempel wird so gestaltet, dass jederzeit eine optimale Laminatnachführung gewährleistet werden kann (Abbildung 12).

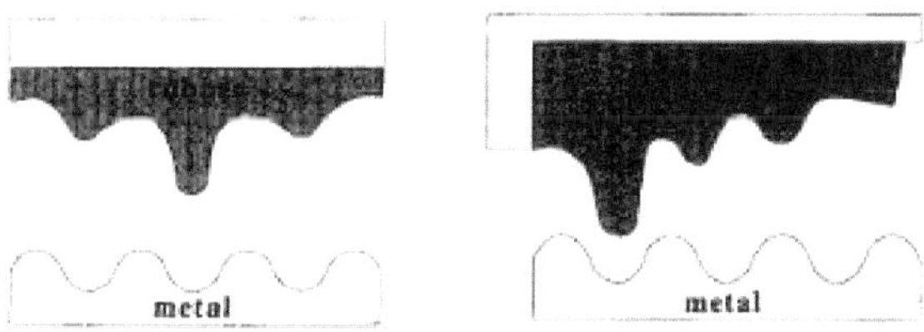

Abbildung 12: Geeignete Stempelgeometrien eines elastischen Stempels [28]

4.2.3. Trend der Technik

Verfahrensspezifische Weiterentwicklungen versuchen den Nachteil der begrenzten Geometriekomplexität von umgeformten Organoblechen abzufangen. So ist es beispielsweise möglich, Verstrebungen mit Hilfe von Spritzgießmaschinen zu hinterspritzen [29] oder Verstrebungen aufzuschweißen [30], um höhere Festigkeiten und Steifigkeiten zu erreichen. Somit geht der Trend der Technik über zu Hybridverfahren, die meistens mehrere Prozessschritte erfordern. Die Eignung des thermoplastischen Materials für Hybridverfahren ist hervorragend, da die Matrix reversibel in den biegeschlaffen Zustand überführt werden kann. In der folgenden Abbildung wird ein hinterspritztes Organoblech aufgezeigt, welches als Strukturbauteil in der Automobilindustrie Anwendung findet.

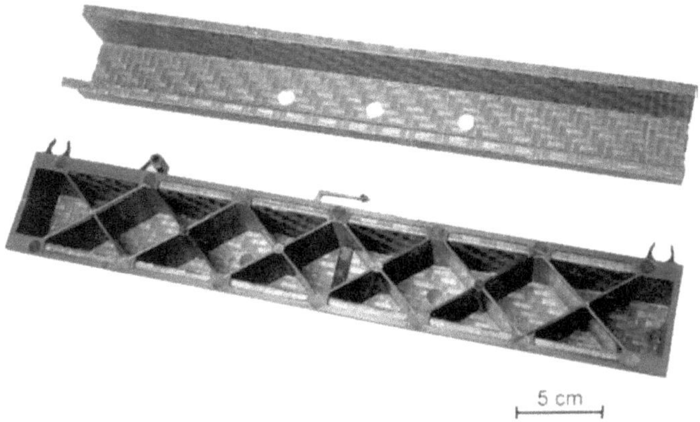

Abbildung 13: Hinterspritztes Organoblech [31]

Des Weiteren ist es bereits möglich, die Imprägnierung nicht in Doppelbandpressen (vgl. Kapitel 4.2.1), sondern in einer Spritzgießmaschine durchzuführen. Hierzu werden die zu imprägnierenden Kohlestofffasern selbst als Widerstandsheizelement während der Verarbeitung im Spritzgießwerkzeug genutzt. Durch diese konduktive Beheizung der Kohlenstofffasern kann das schlaffe, trockene Gelege energieeffizient in wenigen Sekunden auf Verarbeitungstemperatur gebracht und während der Imprägnierungsphase auf Verarbeitungstemperatur gehalten werden. Demzufolge ist eine kostengünstige Herstellung von vorimprägnierten Halbzeugen mit thermoplastischer Matrix möglich [32]. Ferner ermöglichen neue Forschungsansätze die Herstellung von Organofolien. Diese Organofolien werden aus Verschnittabfällen zur Erzeugung neuer innovativer Halbzeuge aus gerichteten Kohlenstoffstapelfasern mit thermoplastischer Matrix hergestellt. Diese Halbzeuge können im Vergleich zu Organoblechen später durch Tiefziehverfahren weiterverarbeitet werden und sind somit für Massenbauteile geeignet [11].

4.3. Duroplastische Verbundwerkstoffe

4.3.1. Eigenschaften duroplastischer faserverstärkter Kunststoffe

Duroplaste entstehen durch eine irreversible chemische Reaktion von Reaktionsharzen, die meist als Vernetzung oder Härtung bezeichnet wird. Die Vernetzungsreaktion führt zu einem engmaschigen Netzwerk aus Makromolekülen innerhalb der duroplastischen Matrix. Dieses Netzwerk verleiht der Duroplast-Matrix unter anderem eine hohe Glasübergangstemperatur und entsprechend hohe Wärmeformbeständigkeit, gute Beständigkeit gegen Chemikalien und geringe Kriechneigung. Die chemische Vernetzungsreaktion mit flüchtigen und meistens toxischen Komponenten ist irreversibel und bedeutet für die Duroplaste unter Umweltgesichtspunkten ein schwieriges Recycling, außerdem ist die Verarbeitung von Duroplasten mit einer äußerst problematischen Arbeitshygiene verbunden. Zudem ist die automatisierte Verarbeitung von Matrices mit thermoplastischer Matrix einfacher zu realisieren als bei Matrices aus duroplastischem Material, da keine chemische Vernetzungsreaktion notwendig ist. Als wichtigste Duroplasten sind wie in Kapitel 4.1.1 bereits erwähnt, UP- und EP-Harze aber auch Venylesterharze (VE) und Phenolharze (PF) zu nennen [6].

Matrixsysteme mit einer duroplastischen Matrix haben eine geringere Viskosität als Systeme aus Thermoplast, was eine schnellere Imprägnierung des Gewebes ermöglicht. Das fertige Bauteil kann aufgrund der guten Oberflächenqualität (Class-A Oberfläche) lackiert und verklebt werden. Die typischerweise hohe Steifigkeit von Duroplast-Matrices erlaubt eine optimale Ausnutzung der statisch mechanischen Fasereigenschaften. Halbzeuge aus faserverstärkten Duroplasten haben jedoch eine beschränkte Haltbarkeit unter speziellen Lagerbedingungen und während der Verarbeitung. So müssen Duroplast-Prepregs, Injektionsharze, Klebstoffe etc. bei -18 °C gelagert werden. Dies hängt damit zusammen, dass die Halbzeuge bis zur leichten Gelierung reagieren und somit leicht drapierbar sind. Durch das Vermischen der Reaktionspartner müssen die Prepregs gekühlt werden, da sie sonst schnell aushärten. Die Kühlung kann den Aushärtungsprozess verlangsamen, aber nicht stoppen. Folglich ist die Lagerfähigkeit der Prepregs zeitlich begrenzt [14]. Die stark adhäsiven Duroplasten führen zu Kontaminationen der Produktionsanlagen und die daraus resultierende notwendige Reinigung, die energieintensive Lagerung in Kühlhäusern und die fehlende Möglichkeit zur Wiederverwertung sowie die noch zu langen Zykluszeiten sind als Nachteile zu nennen.

4.3.2. Herstellungsverfahren für Formteile aus duroplastischer Matrix

Das Interesse an Injektionsverfahren, auch als LCM (Liquid Composite Molding)-Verfahren bekannt, war bis Mitte der achtziger Jahre gering. Dies ist auf die Schwierigkeit zurückzuführen, dass imprägnierte Laminate mit ausreichendem Faservolumengehalt nicht möglich waren. Das Interesse für diese Technologie ist in den letzten fünfzehn Jahren stark gestiegen. Die folgenden Faktoren waren nach HENNINGER [9] hierfür ausschlaggebend:

- Die Entwicklung von neuen Harzsystemen mit besseren Verarbeitungs- und Endeigenschaften
- Die Einführung von 2D- und 3D-Textilhalbzeugen zur Herstellung von geometrisch komplexen Preforms mit verbesserten Eigenschaften
- Die massiven Fortschritte bei der Modellierung und Simulation von Injektionsprozessen

Die bis heute anhaltende Dominanz von Duroplasten bei Faserverbundkunststoffen mit kontinuierlicher Verstärkung ist eng verbunden mit der niedrigen Viskosität der Harze, der relativ einfachen Imprägnierung der Faser sowie der guten Faser-Matrix-Anbindung und den guten mechanischen Eigenschaften [9].
Durch die Realisierung von komplexen Strukturbauteilen mit hoher Qualität, Reproduzierbarkeit und hohem Faservolumengehalt eignen sich die Injektionsverfahren für Klein- und Großserien. Sämtliche Injektionsverfahren zeichnen sich durch die nachträgliche Imprägnierung eines trockenen Faservorformlings mit einer flüssigen Matrix aus. Die Injektion wird entweder in geschlossenen Formen mit verhältnismäßig großem Injektionsdruck oder in einfachen offenen Formen durchgeführt, wobei hier der Injektionsdruck aus physikalischen Gründen auf 1 bar begrenzt ist. Die Schwachstelle der Harzinjektionsverfahren ist der hohe technische und finanzielle Aufwand für die Entwicklung und Realisierung der geschlossenen Formen. Bei offenen Formen werden Hilfsmaterialien sowie einen erhöhten Harzbedarf benötigt, der für eine einwandfreie Laminatimprägnierung notwendig ist [14].

Die folgende Abbildung beschreibt den Prozess vom Zuschneiden der Gelege bis zur Nachbearbeitung der fertigen Formteile.

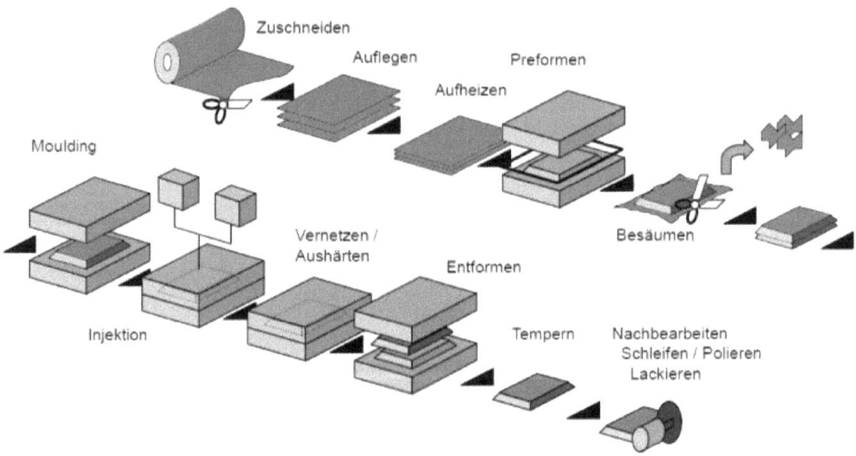

Abbildung 14: Die Verfahrensschritte am Beispiel eines LCM-Verfahrens, dem RTM-Prozess [33]

Um Formteile mittels Injektionsverfahren herstellen zu können ist es notwendig, sogenannte Preforms zu erstellen. Unter einem (textilen) Preform versteht man ein endformnahes, trockenes Fasergebilde mit einer belastungsgerechten Faserstruktur, auch Faservorformling genannt.

Den Herstellungsprozess zur Erzeugung solcher Preformen nennt man Preforming. Die Entwicklung geeigneter Preforming-Technologien ist für die Wirtschaftlichkeit von Injektionsverfahren von entscheidender Bedeutung, da so der Handhabungs- und Legeaufwand und dadurch auch die Zykluszeiten bei der Produktion drastisch verringert werden können. Trotz der höheren Kosten für Preforms im Vergleich zu einfachen Halbzeugen können so die Gesamtkosten eines Bauteils aus faserverstärktem Kunststoff unter Umständen erheblich geringer ausfallen als mit traditionellen Verfahren [34].

Es stehen mehrere Verfahren zur Herstellung solcher Preforms zur Verfügung, wobei in dieser Arbeit nur sequentielle Preformverfahren betrachtet werden und hiervon lediglich die Binder-Umformtechnik, da dieses Herstellverfahren auf einer Umformung beruht und somit Potenzial für die zu untersuchenden Pressen bietet. Außerdem verspricht das Verfahren die kürzeste Taktzeit. In Abbildung 15 wird die Vielzahl an unterschiedlichen Preformverfahren verdeutlicht.

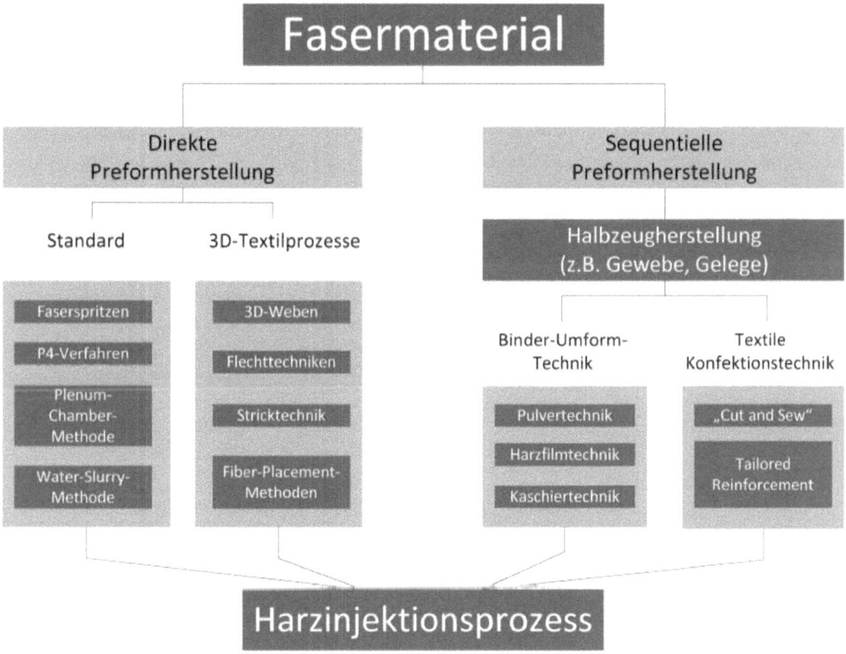

Abbildung 15: Preformtechniken

Das Binder-Umformverfahren ist dadurch gekennzeichnet, dass es durch ein Umformverfahren zweidimensionale Halbzeuge in dreidimensionale Preforms überführt. Für den Umformvorgang können wegen den geringen Umformkräften einfache Pressen, handbetriebene pneumatische Zylinder oder Luftkissen verwendet werden.

Das zuvor meist aufgestreute Bindermaterial wird durch Erwärmen und Einbringen der Presskraft, mit anschließender Abkühlung in eine formstabile geometrisch fixierte Endkontur gebracht. Der Aufheizvorgang findet in einer extern vorgelagerten Aufheizstation oder direkt im Werkzeug statt, was allerdings zu längeren Zykluszeiten führt. Die Werkzeuge können sehr einfach aus Metall oder Kunststoff gestaltet werden. Es ist jedoch darauf zu achten, dass das Werkzeug Temperaturen von 200 °C standhalten muss. Aufgrund der geringen Pressdrücke werden häufig Werkzeuge aus Aluminium verwendet. Um ein Verkleben des schmelzflüssigen Thermoplastbinders mit der Werkzeugoberfläche zu verhindern können, werden Trennmittel eingesetzt. Jedoch muss auf die Kompatibilität mit nachfolgenden Prozessen geachtet werden (Harzinjektion) [27]. Normalerweise wird 2-5 % des trockenen Fasergewichtes in Form von thermoplastischem oder duroplastischem Binder hinzugeführt [35]. Um die mechanischen Eigenschaften des fertigen Bauteils nicht negativ zu beeinträchtigen, muss der Binder auf das Injektionsharz abgestimmt sein. Aus diesem Grund werden häufig Binder aus Duroplast eingesetzt, die auf demselben Stoff basieren wie das Injektionsharz, welches in einem späteren Prozess injiziert wird.

Der duroplastische Binderstoff befindet sich in einem sogenannten B-Zustand d.h. bei Raumtemperatur ist die Faserstruktur plastisch und somit verformbar. Bei Wärmezufuhr verflüssigt sich der Binderstoff und vernetzt anschließend, während ein thermoplastischer Binder hingegen aufgestreut und anschließend angesintert wird. Bei Raumtemperatur liegt ein flexibles Halbzeug vor, da die Faserkreuzungen durch das punktförmige Zusammenkleben wie Drehgelenke wirken. Durch Wärmezufuhr verflüssigt sich der Thermoplast, durch Kapillarkräfte und die Umformkräfte verteilt sich dieser entlang der Fasern. Beim Abkühlen erstarrt und verklebt der Thermoplast, was zu einem formstabilen Preform führt. Im Gegensatz zu den duroplastischen Bindern sind mit thermoplastischem Binder mehrstufige Auf/- und Abkühlvorgänge möglich. Die Bindungsart der textilen zweidimensionalen Struktur muss ein ausreichendes Verschieben der Fasern sowie eine Veränderung des Faserkreuzungswinkels zulassen, damit eine Drapierung stattfinden kann. Zu diesem Zweck sind heute von verschiedenen Herstellern hochdrapierbare Halbzeuge erhältlich, welche geeignete Bindungsarten aufweisen [35].

Außerdem ist darauf zu achten, dass die Bruchdehnung so hoch ist, dass es nicht zum Versagen des Gewebes während des Umformvorgangs kommt. Große Stückzahlen sowie eine hohe Konturentreue können mit einer Stempelumformanlage wirtschaftlich hergestellt werden [27]. Durch geeignete Nachführ-/und Einspannsysteme können geometrisch exakte Vorformen hergestellt werden, die nicht endkonturgenau sind, da noch eine nachgelagerte Besäumung notwendig ist. Der Prozess der Binder-Umformtechnik ist direkt mit dem Stempelumformverfahren von thermoplastischen faserverstärkten Kunststoffen aus Kapitel 4.2.2.4 vergleichbar. Entsprechend sind auch die gleichen Werkzeuganforderungen an die Verschleißfestigkeit zu stellen. Im Gegenteil dazu ist die thermische Belastung im Vergleich zu den Duroplasten eher gering.
In der Praxis werden verschiedene Verfahren kombiniert, um ein optimales Ergebnis zu erzielen. Dies ist unter dem Begriff des „Multi-Textile-Preforming“ bekannt [6].

4.3.3. Das Resin Transfer Molding-Verfahren (RTM-Verfahren)

Beim RTM (Resin Transfer Molding)-Prozess werden das Harz (Duroplastsystem) und der Härter gemischt und unter einem Druck zwischen 0 und 20 bar und bei hoher Temperatur in das trockene Fasermaterial eingebracht. Ferner existiert bereits ein Verfahren, das Werkzeuginnendrücke bis 100 bar verwendet: das HP-RTM (High Pressure Resin Transfer Molding)-Verfahren [14]. Darüber hinaus kann zwischen weiteren RTM-Verfahren unterschieden werden. So ist beispielsweise das „Vacuum Astisted Resin Transfer Molding" (VARTM)-Verfahren zu nennen, bei dem zusätzlich Vakuum angelegt wird, um den Injektionsprozess zu beschleunigen und um die Oberflächenqualität zu steigern. Es existiert außerdem ein Verfahren, welches den RTM-Prozess mit einem Pressverfahren kombiniert, das „Advanced Resin Transfer Molding" (ARTM) [6]. Hier wird das Werkzeug während der Injektion nicht vollständig geschlossen, dann injiziert und anschließend verpresst, was eine schnellere Imprägnierung des Gewebes ermöglicht. Allerdings macht dieses Verfahren eine komplizierte Dichtungstechnik notwendig, was wiederum hohe Werkzeugkosten zur Folge hat.

Der RTM-Prozess kann grundsätzlich in vier Prozessschritte unterteilt werden:

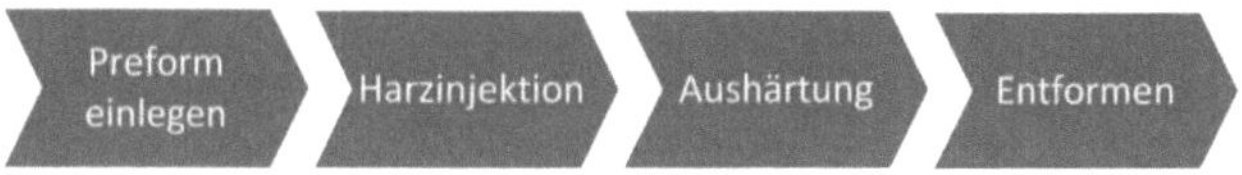

Abbildung 16: Verfahrensschritte beim RTM-Prozess

Beginnend mit dem Einlegen des Preformlings in das beheizte Werkzeug, welches in einer Presse montiert ist, wird durch den Pressdruck der Presse das Werkzeug in Form gehalten und sorgt dafür, dass das Bauteil die gewünschte Endkontur annimmt. Als zweiten Prozessschritt ist die Harzinjektion zu nennen, die einen Mischvorgang voraussetzt, welcher das Reaktionsharz und den Härter vermischt und anschließend unter Druck in das Werkzeug einbringt. Die Presse wirkt diesem Werkzeuginnendruck entgegen und hält die Form geschlossen um einen Austritt des Harzgemisches zu verhindern. Am weitesten fortgeschritten sind die EP-Harze als Matrixwerkstoff, die eine Reaktionszeit von unter drei Minuten wichtige Voraussetzungen für die Serienfertigung mitbringen, die insbesondere im Automobilbau nötig sind [36]. Die EP-Harze lassen sich außerdem mit Niederdruck- aber auch mit Hochdruckverfahren verarbeiten und sind somit vielseitig einsetzbar. Für die Entformung des Werkzeugs sind keine Trennmittel notwendig und die thermischen sowie die mechanischen Eigenschaften des RTM-Verfahrens sind sehr gut. Um Hohlräume oder mehrere Lagen darstellen zu können, werden Kerne aus Schaumstoff (meistens PUR(Polyurethan)-Strukturschaum) oder Gips eingesetzt. Vor allem der Einsatz von Schaumstoffkernen ist für die Automobilindustrie interessant, was durch die guten Dämmeigenschaften begründet ist, die beispielsweise bei der Herstellung von Cabriodächern eine große Bedeutung haben [36].

Der Injektionsdruck und die Viskosität des Harzes stellen die wichtigsten Verarbeitungsparameter dar. Die Injektionszeit wird durch die in Darcy's Gesetz [14] gegebene Fließgeschwindigkeit $\vec{v}$ bestimmt.

$$\vec{v} = -\frac{1}{\eta} \cdot [K] \cdot \vec{\nabla} p$$

$\vec{v}$ ist proportional zur Permeabilität K und zur Druckdifferenz $\vec{\nabla} p$ und invers proportional zur Viskosität η. Die Tränkbarkeit einer Verstärkungsstruktur wird durch die charakteristische Kenngröße, der Permeabilität beschrieben.

Die Viskosität ist ein Maß für die Zähflüssigkeit eines Harzes und ist nur von der Temperatur abhängig, was dazu führt, dass die Harze mit zunehmender Temperatur dünnflüssiger (weniger Viskos) werden und sich somit besser verarbeiten lassen [6].

Die Fließgeschwindigkeit ist bei großem Druckgefälle und niedriger Viskosität hoch. Eine niedrige Viskosität kann durch eine hohe Werkzeugtemperatur erreicht werden, jedoch muss bei der Verwendung von Schaumkernen darauf geachtet werden, dass diese nicht durch eine zu hohe Werkzeugtemperatur beschädigt werden. Der Injektionsdruck stellt einen sehr wichtigen Verarbeitungsparameter dar. Ist der Injektionsdruck zu hoch, fließt das Harz durch die Makroporen wesentlich schneller zwischen den Faserbündeln als in den Bündeln, was durch das Zusammentreffen der Harzflüsse aus den Makroporen die Bildung von Lunkern zur Folge hat. Ist der Injektionsdruck zu gering, bewirkt dies das Gegenteil. Durch Kapillarkräfte fließt das Harz an den Bündeln schneller als dazwischen, was ebenfalls zur Lunkerbildung führt. Demzufolge existiert ein optimaler Injektionsdruck [14], der durch eine entsprechende Simulation ermittelt werden kann [37].

Bei der Injektionsstrategie kann grundsätzlich zwischen zwei Verfahren unterschieden werden. Einerseits kann mit **konstantem Druck** injiziert werden, was einfacher zu realisieren ist, da ein Drucktopf (Gefäß zur Vermischung der Komponenten) und eine Druckleitung ausreichend sind. Als Nachteil ist das unwirtschaftliche Aushärten im Drucktopf zu nennen sowie die nicht genau abschätzbare Injektionszeit [14].

Andererseits besteht die Möglichkeit mit einem **konstanten Volumenstrom** zu injizieren. Vorteile dieses Verfahrens sind die genau abschätzbare Injektionszeit, da die Flussmenge pro Zeit bekannt ist. Außerdem ist von Vorteil, dass das Harz und der Härter im Mischkopf (mischt Harz und Härter und befindet sich direkt am oder sogar schon im Werkzeug) gemischt werden und es somit nicht zu einem Aushärten im Drucktopf kommt. Als Nachteil ist das unkontrollierte Ansteigen des Injektionsdruckes zu nennen [14].

Des Weiteren besteht die Möglichkeit, die Zykluszeit durch hochreaktive Harzsysteme zu reduzieren. Da die Aushärtezeit den größten Anteil an der gesamten Zykluszeit ausmacht besteht in diesem Teilprozess das größte Einsparpotenzial hinsichtlich der Zykluszeit (Abbildung 17).

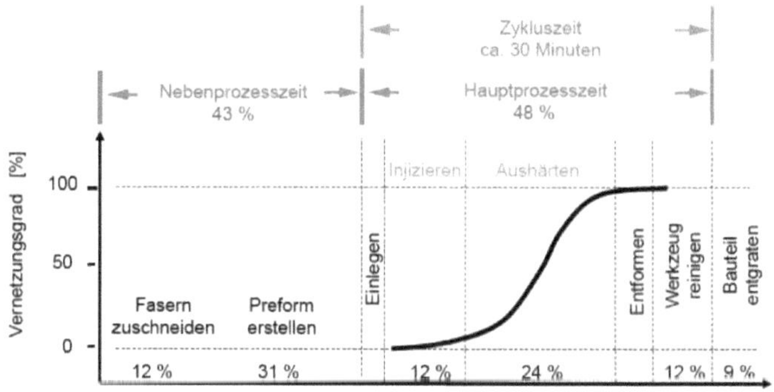

Abbildung 17: Zykluszeit jedes Teilprozesses [14]

Hochreaktive Systeme sind dadurch gekennzeichnet, dass sich das Harz bereits während der Injektion vernetzt. Somit muss der Injektionsvorgang abgeschlossen sein, bevor die ansteigende Viskosität den Harzfluss stoppt.

Die Injektion kann durch verschiedene Maßnahmen beschleunigt werden, wie beispielsweise durch Verteilerkanäle und sequentielle Injektion über mehrere Injektionspunkte [14].

Die Anordnung der Injektionstore und Entlüftungen stellt eine große Herausforderung dar, da sie die Füllzeit und die Qualität des fertigen Bauteils entscheidend beeinflussen. Zur Ermittlung der geeigneten Anordnung der Injektions- und Entlüftungsstellen kann beispielsweise eine Simulation nach LOU [38] verwendet werden. Mögliche Injektionsstrategien werden in der nächsten Abbildung veranschaulicht. Die blauen Punkte stellen die Injektionstore dar und die roten Pfeile zeigen die Fließrichtung des Harzes.

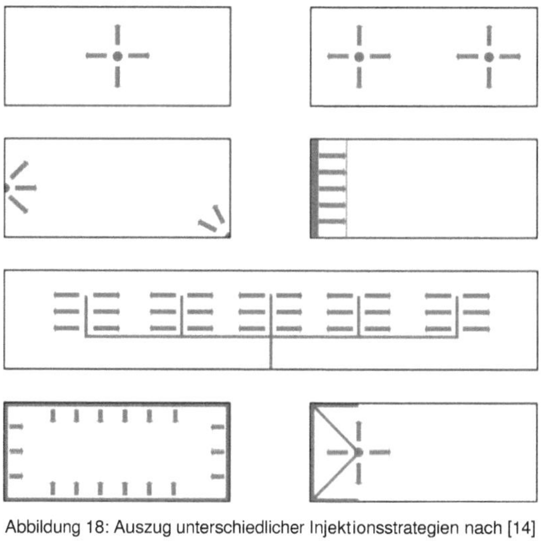

Abbildung 18: Auszug unterschiedlicher Injektionsstrategien nach [14]

Durch hohe Werkzeugtemperaturen kann der Aushärtungsprozess beschleunigt werden, was aber zur Folge hat, dass das Harz aushärtet bevor alle Fasern imprägniert sind. Eine bessere Benetzung kann ferner durch eine niedrigere Viskosität herbeigeführt werden, was auch zu einer geringeren Fehlerdichte beiträgt. Es ist somit eine niedrige Viskosität anzustreben [14].

4.3.4. Trend der Technik

Um die Zykluszeit des RTM-Prozesses zu senken, werden vermehrt latente Beschleuniger eingesetzt. Darunter versteht man Verbindungen, die zwischen der Raumtemperatur bis hin zu Temperaturen bis zu 80 °C weder vernetzen noch die Vernetzungsprozesse beschleunigen. Wird jedoch die geforderte Grenztemperatur überschritten, so wird der Härtungsprozess rasch eingeleitet [39]. Durch dieses Verfahren ist die optimale Benetzung der Fasern gewährleistet und es kommt somit zu keinen „trockenen" Stellen, die die mechanischen Eigenschaften beeinflussen. Es werden somit kürzere Zykluszeiten erreicht, wie sie heutzutage beispielsweise von der Automobilindustrie gefordert werden [36].

Darüber hinaus werden neue Verfahren entwickelt, um die Zykluszeiten weiter zu reduzieren, wie beispielsweise das Spaltimprägnierverfahren. Das Spaltimprägnierverfahren ermöglicht eine sehr schnelle Imprägnierung von flächigen Bauteilen durch die Verwendung eines temporären Fließspaltes. Das Verfahren eignet sich derzeit für flächige, schwach gekrümmte Bauteile, wie sie beispielsweise für Außenhautanwendungen im Automobilbau verwendet werden. Die Realisierung erfordert eine spezielle Werkzeugtechnik, welche aus einer Unterform mit Kavität und einer beweglichen Oberform mit Tauchkantenverschluss besteht. Der eigentliche Prozess des Spaltimprägnierverfahrens kann in drei Phasen eingeteilt werden und wird in Abbildung 19 aufgezeigt.

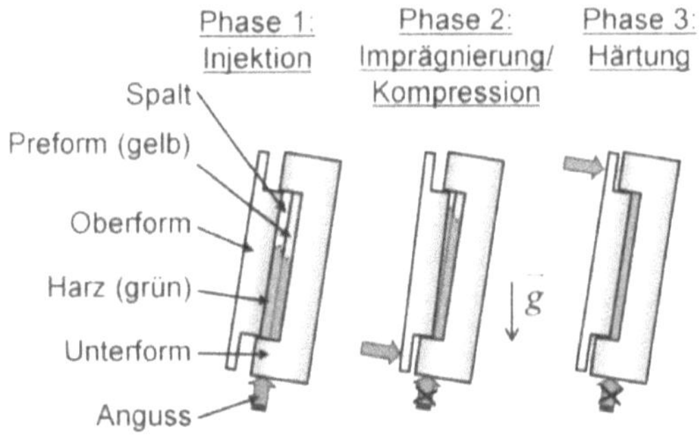

Abbildung 19: Spaltimprägnierverfahren [40]

Nach dem Einlegen der endkonturnahen Preform wird die Kavität verschlossen und ein Vakuum angelegt. Anschließend wird das Harz durch die anliegende Druckdifferenz zwischen Kavität und Umgebung in die Kavität gefördert (Phase 1). Um Luftblasen optimal abzuführen, wird die Fließrichtung der Matrix entgegen der Schwerkraft orientiert injiziert. Hierzu ist es notwendig, dass das Werkzeug entsprechend positioniert ist. Durch den Fließspalt wird die Matrix schnell über die Preform verteilt und die Matrix muss nur geringe Fließwege innerhalb des Preforms zurücklegen, da die Imprägnierung des Preforms in Dickenrichtung erfolgt. Nachdem die ausreichende Menge des Harzes injiziert worden ist, wird die Injektion gestoppt und der Fließspalt durch Kippen der Oberform keilförmig geschlossen. Die Matrix wird durch die Kippbewegung im Fließspalt in Richtung der Absaugung verdrängt und imprägniert so die noch trockenen Bereiche des Preforms (Phase 2). Abschließend wird der Fließspalt vollständig geschlossen, die Matrix gehärtet und das Laminat auf den gewünschten Faservolumengehalt verpresst (Phase 3) [41].

Um die Vor- und Nachteile von thermoplastischer- und duroplastischer Matrices aufzeigen zu können, werden im folgenden Kapitel die Werkstoffe gegenübergestellt und verglichen.

4.4. Vergleich der Prozesse zur Verarbeitung der beiden Werkstoffklassen

In Kapitel 4.2 und Kapitel 4.3 wurde umfassend auf die verschiedenen Matrixsysteme eingegangen. Jedoch kann keine allgemeingültige Aussage über die optimale Verwendung von diesen Matrixsystemen getroffen werden. Aus diesem Grund werden die Vor- und Nachteile gegenübergestellt und in Kategorien gegliedert, die eine Auswahl eines Matrix-Systems je nach Bauteilanforderungen und Umgebungsbedingungen erleichtern soll.

Thermoplaste

Faserverstärkte Kunststoffe aus thermoplastischem Material bieten aufgrund ihrer zähen Matrix Vorteile für Bauteile, die Impacts (mechanischen Schlägen) ausgesetzt sind. So werden beispielsweise Stoßfänger von Autos aber auch Flugzeugteile wie Flügelkomponenten, die auch Vogelschlag standhalten müssen, aus thermoplastischem Material gefertigt [33]. Das Verbinden von Bauteilen sowie das Lackieren ist von der Matrix abhängig, denn Werkstoffe aus dem oft verwendeten Polypropylen lassen sich nur schwer lackieren oder verkleben [6]. Durch die hohe Viskosität der Schmelze nimmt das Imprägnieren des Gewebes viel Zeit und einen hohen Druck in Anspruch. Dies ist ein Grund für die hohen Preise der Organobleche. Da die Matrix von thermoplastischen Verbundwerkstoffen mit steigender Temperatur in den biegeschlaffen Zustand übergehen, ist die maximale Einsatztemperatur des Bauteils weit unterhalb der Verarbeitungstemperatur angesiedelt. Aus diesem Grund sind die mechanischen Eigenschaften stark von der Temperatur abhängig. Die Verarbeitung benötigt hohe Temperaturen und hohe Drücke, zusätzlich muss die Prozesstemperatur exakt geregelt werden. Die Organobleche zur Weiterverarbeitung können üblicherweise zeitlich unbeschränkt gelagert werden, was das Handling des Materials deutlich vereinfacht. Durch das Entfallen eines chemischen Härtungsprozesses haben die Thermoplaste kürzere Zykluszeiten, außerdem gestaltet sich die Wiederverwendung von Produktionsabfällen einfacher als bei den Duroplasten. Dabei fallen weniger Produktionsabfälle an und es besteht die Möglichkeit, diese mit Neuware zu vermischen. Eine weitere Möglichkeit ist es, die Verschnitte zu zerkleinern, um Granulat für Spritzgussmaschinen oder Organofolien herzustellen. Die Verwendung von thermoplastischen faserverstärkten Kunststoffen eignet sich für Anwendungen, die eine kurze Zykluszeit erfordern. Darüber hinaus bietet sich eine Produktion in der Großserie an, da getätigte Investitionen über eine große Anzahl von Bauteilen abgeschrieben werden können. Ferner können die Materialkosten durch die Wiederverwendung von Produktionsabfällen klein gehalten werden.

Duroplaste

Die hohe Steifigkeit der faserverstärkten duroplastischen Kunststoffe ermöglicht eine Ausnutzung der statisch mechanischen Fasereigenschaften durch ein Abstützen der Fasern, die ein Ausknicken durch Druckbelastungen verhindern. Im Gegensatz zu den Thermoplasten besitzen die Duroplasten eine gute Oberfläche, die auch verklebt oder lackiert werden kann. Die geringe Viskosität erlaubt eine schnelle Imprägnierung bei geringen Drücken. Allerdings ist bei der chemischen Vernetzungsreaktion zwischen Härter und Harz eine minimale Temperatur über einen bestimmten Zeitraum notwendig. Zusätzlich bieten die duroplastischen Matrices eine bessere Temperaturstabilität, da sie auch bei höheren Temperaturen ihre mechanischen Eigenschaften beibehalten, bis das Laminat die Zersetzungstemperatur erreicht. Die Halbzeuge aus duroplastischem Material haben eine beschränkte Haltbarkeit und müssen wie die Injektionsharze gewöhnlich gekühlt gelagert werden. Produktionsabfälle können jedoch nur selten wiederverwendet werden und werden somit entsorgt, was die Materialkosten erhöht. Die Investitionskosten und die Verwendung von günstigen Werkzeugen und Halbzeugen sind im Vergleich zu thermoplastischen Verfahren gering. Als weitere Vorteile sind die guten Laminatqualitäten, die durch große Prozessfenster realisierbar sind, sowie die guten chemischen und physikalischen Eigenschaften zu nennen.

Die Antwort, welches Verfahren sich für welche Anwendung empfiehlt, hängt von Faktoren wie Stückzahl, Einsatzprofil, Oberflächengüte, mechanische Eigenschaften, Temperaturen, Produktionsabfälle, sowie wirtschaftlichen Faktoren ab. Die folgende Grafik trägt dazu bei, die Entscheidung für das optimale Verfahren für ein gegebenes Szenario zu erleichtern.

Thermoplastische Verfahren		Duroplastische Verfahren
gut	mechanische Eigenschaften	sehr gut
hoch	Temperatur	gering
sehr gute Handhabung	Halbzeug	schwierige Handhabung
sehr kurz	Zykluszeit	sehr lang
hoch	Investition	gering
sehr gut recyclebar	Produktionsabfall	schlecht recyclebar
befriedigend	Oberflächengüte	sehr gut
groß	Stückzahl	klein

Abbildung 20: Kriterien zum Vergleich von Duro- und Thermoplast

5. Anforderungen an die Pressentechnik

Bei den Anforderungen an die Pressentechnik muss zunächst ein werkstoffspezifischer Verarbeitungsprozess betrachtet werden, da die verschiedenen Verfahren unterschiedliche Anforderungen an die Pressentechnik stellen.
Durch vorhandene Erfahrungen im Bereich der Preformherstellung, die zum Verarbeitungsprozess des RTM-Verfahrens gehört (vgl. Kapitel 4.3.2), kann auf das Know-How und auf die vorhandene Technologie innerhalb der Robert Bürkle GmbH und die der Kunden zurückgegriffen werden. Diese Tatsache veranlasst das RTM- und nicht die Umformverfahren von Thermoplasten für die Betrachtung der Pressenanforderung zu berücksichtigen.

Für den favorisierten RTM-Prozess sind Pressen notwendig, die die Funktionen „Öffnen und Schließen des Werkzeugs" und „Aufbringen der Schließkraft" erfüllen. Als Pressen werden gewöhnlich hydraulische Pressen eingesetzt. Hinzukommend sind folgende Anforderungen an die Pressen zu stellen:

- Schneller Mechanismus für kurze Taktzeiten
- Mechanismus mit möglichst wenig unproduktiven Leerzeiten
- Gute Zugänglichkeit für das Einlegen, Entformen und Reinigen
- Einfache Bedienung
- Genügend große Schließkraft
- Flexibilität für die Änderungen der Produktion auf andere Bauteile

Zudem kommt es während des Prozesses zu einer inhomogenen Lastverteilung, was eine besondere Regelung erfordert um die Toleranzbereiche einzuhalten. Hierzu werden im weiteren Verlauf die wirkenden Kräfte/Drücke untersucht, die nötigen Freiheitsgrade definiert und Anforderungen an die Regelung gestellt.

5.1. Notwendiges Kraftspektrum der Presse für den RTM-Prozess

Die Kraft ist definiert durch die Fläche multipliziert mit dem Druck. Beim RTM-Verfahren werden die Preforms in das Werkzeug eingelegt, um anschließend das Werkzeug zu schließen und ein Harz-Härtergemisch mit einem Druck von maximal 20 bar zu injizieren. Das HP-RTM Verfahren (vgl. Kapitel 4.3.2) ist Stand der Technik und Drücke von bis zu 100 bar sind realisierbar. Durch den hohen Druck ist ein schnelleres Füllen der Form möglich, wodurch die Verwendung von schnell reagierenden Harzen begünstigt und die Zykluszeit verkürzt werden kann. Darüber hinaus sind höhere Faservolumengehalte möglich, als es beim gängigen RTM-Verfahren möglich wäre [42]. Allerdings stehen den kurzen Zykluszeiten die hohen Investitionskosten für Mischanlagen und der groß dimensionierten Pressen gegenüber. In dieser Arbeit werden aus diesem Grund Drücke bis 20 bar - das Standard RTM-Verfahren (wie in Kapitel 4.3 beschrieben) - betrachtet. Die benötigte Presskraft der Presse kann somit über den oben genannten Zusammenhang berechnet werden und beträgt beispielsweise für ein Formteil mit einer Fläche von 500 mm x 500 mm 50,98 t.

5.2. Kompensation der Stößelkippung infolge exzentrischer Lasten

Das beim RTM-Verfahren verwendete Harz wird durch große Drücke in das Werkzeug injiziert, was zu unhomogenen Lastverteilung im Werkzeug führen kann und sich unmittelbar auf den Stößel bzw. Pressentisch auswirkt. Dies ist von der Geometrie des Bauteils und/oder der Injektionsstrategie abhängig. Durch eine sequentielle Injektionsstrategie
(vgl. Kapitel 4.3.3) werden beispielsweise zwei Injektionstore nacheinander mit Harz gefüllt und das Harz fließt und vernetzt sich inhomogen im Laminat. Diese Injektionsstrategie führt zu starken inhomogenen Lasten und wird in Abbildung 21 veranschaulicht.

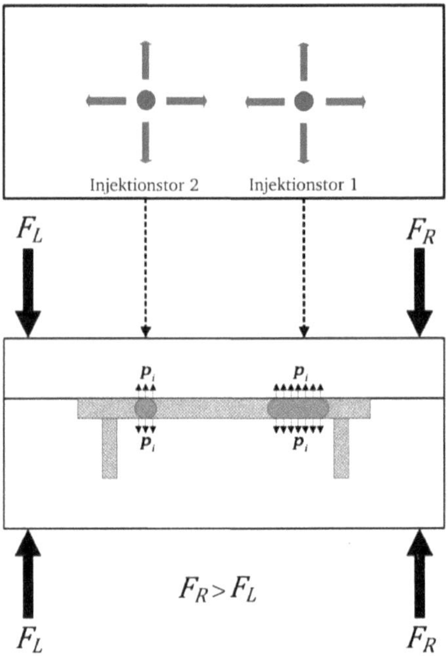

Abbildung 21: Außermittige Lasten durch eine sequentielle Injektionsstrategie

Unabhängig von der Gestellbauart führen im Werkzeugeinbauraum außermittig angreifende Prozesskräfte zu einer Schrägstellung (Kippung) des Stößels gegenüber dem Pressentisch und zu einem Verlagern von Stößel und Tisch senkrecht zur Arbeitsrichtung (Horizontalversatz). Dies führt zum Verschleiß der Stößelführungen und zu einer verminderten Produktgüte [43]. Es ist nur bedingt ausreichend, die Steifigkeit von Pressrahmen und Führungen konstruktiv zu erhöhen, um so die Stößelkippung und den Horizontalversatz zu verringern. Die Genauigkeit und die Qualität des herzustellenden Werkstücks wird nicht nur durch den Schmierstoff und durch das Werkzeug beeinflusst sondern auch durch die Umformmaschine selbst. Meist ist der resultierende Prozesskraftvektor nach Lage und Größe in Abhängigkeit vom Stößelhub nicht bekannt, dies wäre jedoch für die Qualitätssicherung von großem Nutzen. Ist der Schwerpunkt des

Kraftangriffspunktes durch Berechnen oder Messen - zum Beispiel mittels 3-Komponenten Kraftmessplatten - bekannt, ist ein lageoptimierter Einbau des Werkzeugs innerhalb der Grenzen des Presseneinbauraums und ein damit verbundenes Verringern von Kippung und Horizontalversatz möglich [43]. Zusätzlich kann durch eine abschaltbare Rollenführung des Stößels eine Erhöhung der Freiheitsgrade erreicht werden [5].

5.3. Anforderungen an die Regelung

Durch eine Regelung bzw. Steuerung von Pressspalt und/oder Pressdruck besteht die Möglichkeit gezielt auf den Formprozess Einfluss zu nehmen, da beispielsweise durch Erhöhung des Pressdruckes auch Einfluss auf den Pressdruck im Formraum genommen werden kann. Somit kann der Spalt zwischen den Formwerkzeugen auf ein vorgegebenes Maß bezüglich einer vorgegebenen Toleranz eingestellt werden. In diesem Zusammenhang ist es zweckmäßig, dass Pressdruck und/oder Pressspalt der Presse über die Pressenlänge und/oder über die Pressenbreite variabel und definiert eingestellt werden kann. Im Übrigen resultiert durch die in Kapitel 5.2 beschriebene inhomogene Druckverteilung eine Kippung des Stößels, die nachgeregelt werden muss um eine gute Bauteilqualität gewährleisten zu können. Um zu verhindern, dass das Bauteil beim Aufbrechen der Form beschädigt wird, ist eine genaue Parallelbewegung notwendig.

Pressen mit weg- bzw. parallel geregelten Hydraulikzylinder sind Stand der Technik, wie beispielsweise die Pressen von Dieffenbacher [5] oder Rucks [44].

6. Auswahl des Pressenkonzeptes

Für die Auswahl eines geeigneten Pressenkonzeptes ist es zunächst notwendig, die verschiedenen Pressenprinzipien zu vergleichen. Hierbei kann grundsätzlich zwischen weg-, kraft- und arbeitsgebundenen Pressen unterschieden werden.
Weggebundene Pressen sind dadurch gekennzeichnet, dass die Umformkraft über ein Hebelsystem eingeleitet wird und die Größe der Kraft somit wegabhängig ist. Im Vergleich hierzu besitzen kraftgebundene Pressen die Eigenschaft, an jeder Stelle des Stößels eine konstante Stößelkraft zur Verfügung stellen zu können. Arbeitsgebundene Maschinen bieten einen bestimmten Betrag an Arbeitsvermögen an, der bei jedem Arbeitsspiel vollständig umgesetzt wird. Ist der Arbeitsbedarf des Umformvorganges größer als das Arbeitsvermögen, das die Maschine bei einem Arbeitsspiel zur Verfügung stellt, dann lässt sich der Vorgang auf mehrere Arbeitsspiele (Hübe, Schläge) aufteilen [45]. Darüber hinaus sind auch Mischformen der aufgeführten Prinzipien möglich.
Nachfolgend wird die Funktionsweise von Servopressen veranschaulicht, um anschließend die Potenziale der 3D-Servo-Presse (3DSP) darzustellen, die durch eine spezielle Kinematik einen weg- und kraftgebundenen Pressenbetrieb ermöglicht [46]. Im Anschluss wird die 3DSP mit einer Hydraulikpresse, die ein kraftgebundenes Wirkprinzip besitzt, verglichen. Abschließend wird eines der betrachteten Pressenkonzepte für die Verarbeitung von duroplastischen Faserverbundwerkstoffen im RTM-Verfahren favorisiert.

6.1. Vergleich von Servo- und Hydraulikpressen

Servopressen

Servopressen sind Pressen, die mit Hilfe von Servomotoren angerieben werden. Der Begriff des Servomotors wird nicht wie bei anderen Motoren durch ein physikalisches Wirkprinzip bestimmt, sondern wurde aus dem lateinischen „Servus" abgeleitet, was so viel bedeutet wie Sklave oder Diener. Servomotoren finden häufig in Werkzeugmaschinen und Industrierobotern Anwendung. Es handelte sich lange Zeit um einen Hilfsmotor, was sich erst änderte, als innere Kühlungen große Ströme zuließen [47].
Sie sind somit, je nach Bauart, weggebundene- bzw. kraftgebundene Maschinen. Merkmale wie große Hubzahlen und ein geringer Energieverbrauch sind Eigenschaften der Servopressen. Überdies bieten sie einen flexibel gestaltbaren Geschwindigkeits-Zeit Verlauf.
Durch angepasste Geschwindigkeitsverläufe in maßgeblichen Hubbereichen lässt sich der Aufprall von Werkzeug auf das Werkstück minimieren, was die Produktionsleistung, das Produktionsergebnis, die Lärmentwicklung und die Standzeit positiv beeinflusst [47].
Darüber hinaus haben mechanisch angetriebene Servopressen eine höhere Steifigkeit gegenüber hydraulischen Pressen, da die Ölsäule eine niedrigere Steifigkeit besitzt als die Übertragungsglieder der mechanischen Servopressen und diese somit eine höhere Regelgüte oder Regelgeschwindigkeit haben [48].

Weitere positive Eigenschaften nach GROCHE [48] sind:

- Genauigkeit der Stößelbewegung in der Antriebsrichtung
- Hohe Genauigkeit am unteren Totpunkt (UT)
- Niedrige Geräuschemissionen
- Bessere Energieeffizienz im Vergleich zu hydraulischen Pressen
- Digitale Steuerung/Regelung
- Großer Vorteil des Einrichtbetriebs im Tippbetrieb mit voller Nennpresskraft
- Schneller Notstopp ohne Durchlaufen des unteren Totpunktes

Grundsätzlich besitzt der Stößel einer Presse drei translatorische und drei rotatorische Freiheitsgrade. Es wird jedoch nur ein Freiheitsgrad – die Auf- und Abwärtsbewegung – vom Regelkreis der Servopresse erfasst. Die anderen Kipp- und Verlagerungsbewegungen werden durch Stößelführungen blockiert und die Genauigkeit der Stößelbewegung und somit auch die Qualität der Produkte hängen demnach maßgeblich von der Funktionstüchtigkeit und Ausführung dieser Lagerstellen ab.

In der ersten Generation der Servopressen wurde der Stößel durch einen Servomotor betrieben, der nur einen Freiheitsgrad zuließ. In diesem, nicht blockierten Freiheitsgrad konnten Umformbewegungen mit verschiedenen Hubgeschwindigkeiten realisiert werden. Jedoch wurde auf eine Beeinflussung der Genauigkeit der Führung durch die anderen Freiheitsgrade nicht verfolgt [49]. Bei Servopressen der zweiten Generation wird unter Verwendung von flexiblen Antrieben eine Verbesserung der Pressgenauigkeit angestrebt. Es werden mindestens zwei von einander unabhängige bewegte Antriebe für den Stößel benötigt. Das Kippen des Stößels kann bei exzentrischer Belastung durch eine größere Stützweite reduziert werden. Diese Kippung setzt sich aus den elastischen Verformungen der Führungs- und Übertragungsglieder zusammen und kann somit eine Verdrehung des Stößels unter exzentrischer Last nie völlig eliminieren, da diese Steifigkeit endlich ist. Die Regelung von den unabhängigen Antriebssystemen bietet hier große Vorteile. Es kann dem Kippen des Stößels um eine Achse senkrecht zur Stößelbewegungsrichtung entgegengewirkt werden, was durch unterschiedliche Drehzahlen der Antriebe ermöglicht wird [48].

Die 3D-Servo-Presse

Das Institut für Produktionstechnik und Umformmaschinen der technischen Universität Darmstadt entwickelt eine Presse, bei der die Antriebe für den Stößel unabhängig voneinander sind: die 3D-Servo-Presse (3DSP).
Zielsetzung für diese Presse war es einerseits, die Stößelverlagerungen in beiden Horizontalachsen aktiv zu kompensieren und andererseits gezielte Kipp- und Taumelbewegungen, neben der herkömmlichen Linearbewegung, durchzuführen. Um bei hohen Ausbringungsmengen der Maschine einen energieeffizienten Betrieb zu gewährleisten, werden umlaufende Antriebe in der Presse verbaut. Ferner stellte die Realisierung einer Hubhöhenverstellung eine weitere Anforderung dar, was es möglich macht, die Vorteile des Kurbeltriebes nutzen zu können. Mit den Mitteln der systematischen Getriebesynthese wurden hierfür das in Abbildung 22 gezeigte Lenkergetriebe entworfen. Durch dieses Lenkergetriebe ist es möglich, durch einen zusätzlichen Freiheitsgrad sowohl den Hub als auch die Stößellage einzustellen [48].

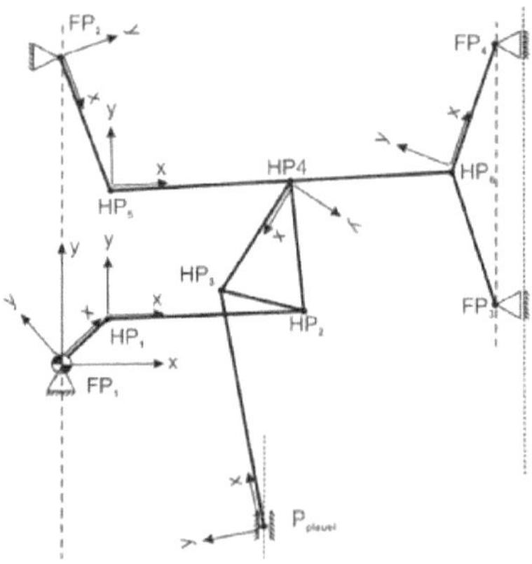

Abbildung 22: Lenkergetriebe mit Freiheitsgrad zur Einstellung von Hub und Stößellage (Prototyp) [48]

Im weggebundenen Modus treiben drei Exzenter den Pressenstößel an, während im kraftgebundenen Modus der Antrieb über zwei Spindeln erfolgt. Zusätzlich besitzt der Stößel der 3DSP zwei rotatorische und einen translatorischen Freiheitsgrad, so dass dadurch beispielsweise eine Taumelbewegung bei gleichzeitiger Zustellung ausgeführt werden kann. Die Anordnung der Antriebe und die daraus resultierenden Freiheitsgrade sind in der nachfolgenden Abbildung 23 dargestellt.

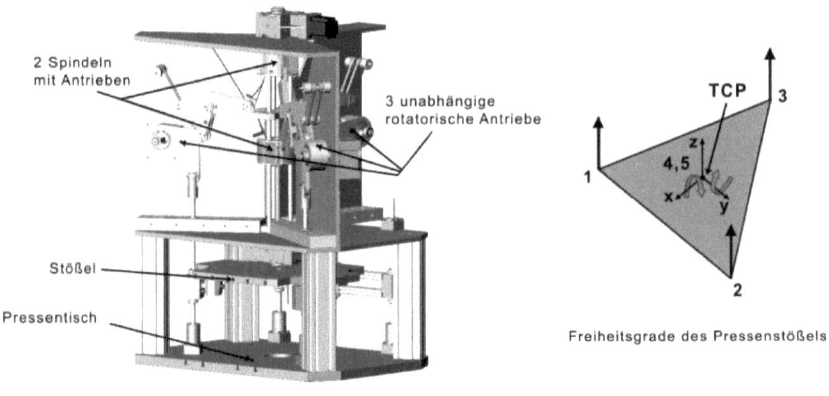

Abbildung 23: Anordnung der Antriebe und Darstellung der Stößelfreiheitsgrade der 3DSP (Prototyp) nach [46]

Wie in Abbildung 23 zu sehen, sind die rotatorischen Antriebe sternförmig um 120° versetzt angeordnet und ermöglichen einen weggebundenen Pressvorgang. Zwei Spindelantriebe, die sich mittig oberhalb des Stößels (z-Achse) befinden, ermöglichen einen kraftgebundenen Pressvorgang. Ein Standardhub kann durch den phasengleichen Betrieb der rotatorischen Antriebe durchgeführt werden, bei dem eine herkömmliche Bewegung des Werkzeugs zwischen oberem und unterem Totpunkt auf der z-Achse erzeugt wird.

Bei einem phasenversetzten Betrieb von 120° der rotatorischen Antriebe kann eine Taumelbewegung des Stößels um x- und y-Achse umgesetzt werden. Um während dieser Betriebsart eine Zustellung des Werkzeugs realisieren zu können, müssen zusätzlich die zwei Spindelantriebe (4 und 5) zugeschaltet werden. Es kann somit in jeder möglichen Betriebsart der Hub angepasst werden. Die aktuelle Lage des Werkzeugs wird hierbei durch den Tool Center Point (TCP) als Maß der vertikalen Richtung definiert. Durch die Nutzung der Servopressentechnologie als Pressenantrieb sind die Stößelverläufe auf einzelne Prozesse individuell abstimmbar. Neben den Freiheitsgraden des Stößels führt dies zu einer zusätzlichen Flexibilität in der Fertigung von Werkstücken [46].

Hydraulische Pressen

Durch das Prinzip der Hydraulik ist es möglich, dass sich die Antriebselemente im Kraftfluss befinden, was zu einer einfachen Bauweise führt (Kolben und Zylinder). Es gibt zwei prinzipielle Konstruktionsansätze für die Antriebstechnik: den Direktantrieb und den Speicherantrieb oder eine Kombination der beiden Ansätze. Bei klassischem Direktantrieb treiben Asynchronmotoren Hydraulikpumpen an, die ein festes oder variables Fördervolumen je Umdrehung aufweisen. Bei Speicherantrieben wird die Hydraulikflüssigkeit unter Druck in einen Druckbehälter gepresst, die gespeicherte Energie kann somit zu einem späteren Zeitpunkt abgerufen werden. Außerdem ist es durch einen Speicherantrieb möglich kurzzeitig einen hohen Druck zur Verfügung zu stellen, wie es beispielsweise bei schnellen Schließvorgängen notwendig ist.
Durch verschiedene Hydraulikventile wird die Druckflüssigkeit in den Kolbenzylindern zugeführt. Die Weitergabe des Druckes in einer Flüssigkeit, die zum Energietransport verwendet wird, ermöglicht es, den Ort des Erzeugers (Pumpe, Speicher) weitestgehend unabhängig vom Ort des Verbrauchers (Zylinder) zu installieren. Aus diesem Grund ist es möglich, hydraulische Pressen mit sehr großen Nennkräften zu bauen, die sich über entsprechende Ventile im hydraulischen Kreislauf verstellen oder begrenzen lassen. Hydraulische Pressen sind kraftgebundene Pressen und somit ist die größte Presskraft an jeder Stelle des Hubes voll verfügbar. Des Weiteren ist es möglich hydraulisch angetriebene Pressen durch eine Druckbegrenzung gegen Überlast zu sichern, die so eingestellt werden kann, dass Werkzeuge bei relativ kleinen Kräften geschützt werden können. Durch die Einstellbarkeit des Druckes kann beispielsweise beim Tiefziehen die Blechhalterkraft dem Vorgangsverlauf angepasst werden. Die für die Umformung nötige Kraft kann am unteren Umkehrpunkt längere Zeit gehalten werden [45]. So wird auch beim Verpressen von Massivholz der Druck über eine Zeit von circa 20 Minuten gehalten, wie es in der nachfolgenden Abbildung am Beispiel einer Hydraulikpresse von Bürkle gezeigt wird.

Abbildung 24: Bürkle Hydraulikpresse

Innerhalb vorgegebener Grenzen lässt sich die Stößelgeschwindigkeit weitgehend verstellen, was die Möglichkeit bietet den Geschwindigkeitsverlauf anzupassen. So können Leerwege mit relativ großen Geschwindigkeiten durchfahren werden [5]. Durch neue Antriebskonzepte ist es möglich, mittels servobetriebener Pumpen hydraulische Pressen effizienter zu machen, ohne Nachteile bei der Flexibilität, Schnelligkeit und Dynamik hinnehmen zu müssen [50].

Die verwendeten Druckflüssigkeiten sind kompressibel und die komprimierte Flüssigkeit in dem Arbeitszylinder kann wie eine vorgespannte Feder angesehen werden. Es kann durch die Ausdehnung der Flüssigkeit bei schlagartigem Abfall der Prozesskraft zu starken Beschleunigungen führen. Diese starken Beschleunigungen können Schwingungen im hydraulischen System auslösen, was zu Störungen an der Pumpe oder der Regeleinrichtung führen kann. Die eingesetzten Flüssigkeiten haben eine begrenzte Lebensdauer und müssen, abhängig von den Betriebsbedingungen und der eingesetzten Zeit, gewechselt werden [45]. Unabhängig von der Gestellbauart führen außermittige Kräfte im Werkzeug angreifende Prozesskräfte zu einer Schrägstellung des Stößels gegenüber dem Pressentisch. Um bei sehr großen Drücken eine gute Bauteilqualität gewährleisten zu können ist es bei hydraulischen Pressen möglich, zusätzliche Systeme zur Kompensation der Stößelkippung und Horizontalversatz zu verwenden. Durch eine passiv-hydraulische Kippkompensation kann bei extremer Außermittigkeit der resultierenden Prozesskraft eine einwandfreie Kompensation der Kippung des Stößels über den gesamten Hub gewährleistet werden. Jedoch stehen dem System sehr hohe Investitionskosten und eine ungünstige Energiebilanz gegenüber, was gegen diese Lösung spricht. Das System der passiv-hydraulischen Kippkompensation ist somit noch nicht für den Einsatz geeignet [43].
Der Pressenhersteller Rucks hat in Zusammenarbeit mit einem Kunden eine HP-RTM Presse (RKV 293) [44] entwickelt, die durch vier lagergeregelten Presszylinder eine Druckplattenschrägstellung von ± 0,2 mm erreichen kann, um während des Harzinjizierens der nicht homogenen Druckverteilung entgegenzuwirken. Aber auch andere Pressenhersteller haben Verfahren entwickelt, um außermittigen Lasten zu kompensieren. So hat beispielsweise Schuler Maschinen [51] für die Verarbeitung von Faserverbundwerkstoffen im Programm, die mit einer abschaltbaren Rollenführung ausgestattet sind, was eine prozessrelevante Stößelfreigängigkeit ermöglicht. Es sind

bereits herkömmliche Pressen mit hydraulischen Antrieben, die hohe Geschwindigkeiten erlauben, Stand der Technik. So kann die CHAP Pressenreihe [51] von Schuler genannt werden, die Eil-Senk- und Eil-Rücklaufgeschwindigkeiten von bis zu 800 mm/s erreichen.

6.2. Auswahl eines Pressentyps bei gegebenem Szenario

Um für den favorisierten RTM-Prozess einen Maschinentyp auszuwählen wurde als Entscheidungstechnik eine Nutzwertanalyse nach HOLZBAUR [52] angewendet. Unter der Berücksichtigung der in den letzten Kapiteln beschriebenen Eigenschaften der Pressen und den Anforderungen an den späteren Betrieb wurden folgende Kriterien berücksichtigt:

- Konstruktionsaufwand
- Stückzahl
- Energieeffizienz
- Investitionsaufwand
- Flexibilität bezogen auf andere Fertigungsprozesse
- Regelbarkeit
- Dynamik
- Bedienbarkeit
- Pressdruck
- Außermittige Lasten
- Wartungsaufwand
- Lärmentwicklung

Zur Benotung wird eine Werteskala gemäß VDI 2225 [53] mit Noten von 0 bis 4 angewendet, wobei diese folgende Bedeutungen haben:

0 = unbefriedigend
1 = knapp tragbar
2 = ausreichend
3 = gut
4 = sehr gut

Bei der Gewichtung der Kriterien wurde Wert auf ein kostengünstiges, einfach umzusetzendes, mit genügend Presskraft ausgestattetes System gelegt, womit auch großflächige Bauteile (benötigt große Pressdrücke) umsetzbar sind. Weniger wichtig sind für die Entscheidung Lärmentwicklung, Wartungsaufwand und Energieeffizienz.

Kriterium	Gewichtung	Variante 1		Variante 2	
		3DSP		Hydraulik	
		absolut	gewichtet	absolut	gewichtet
Energieeffizienz	0,06	4	0,24	2	0,12
Stückzahl der zu fertigen Teile	0,08	3	0,25	2	0,17
Flexibilität	0,08	4	0,33	2	0,17
Dynamik	0,08	3	0,25	2	0,17
Investitionskosten	0,12	1	0,12	4	0,48
Konstruktionsaufwand	0,10	1	0,10	4	0,40
Bedienbarkeit (Programmierung)	0,08	2	0,17	3	0,25
Lärmentwicklung	0,04	3	0,12	1	0,04
Wartungsaufwand	0,04	3	0,12	2	0,08
Regelbarkeit	0,08	4	0,33	2	0,17
außermittige Lasten	0,08	4	0,33	2	0,17
Pressdruck	0,12	2	0,24	4	0,48
			2,61		**2,68**

Tabelle 2: Nutzwertanalyse

Nach der Anwendung der Nutzwertanalyse wird das hydraulische Pressensystem aufgrund der knappen Überlegenheit gegenüber der 3DSP präferiert. Aufgrund der Erfahrungen bei Bürkle im Bereich der Hydraulikpressen, der einfacheren Konstruktion und den geringeren Investitionskosten dieses Pressentyps eignet sich eine Hydraulikpresse besser für den RTM-Prozess. Jedoch bietet auch die 3DSP Potenziale, obwohl sie das komplexere und ausgefallenere System ist. In den folgenden Kapiteln werden diese Potenziale aufgezeigt

7. Darstellung eines sinnvollen Nutzungsszenarios für die 3D-Servo-Presse

In dieser Arbeit wurden verschiedene Anwendungsgebiete für Pressen aufgezeigt. Bisher werden diese Verfahren mit herkömmlichen hydraulischen Pressen durchgeführt, was für jeden einzelnen Vorgang in der Großserienfertigung - sei es Preformherstellung, anschließendes Stanzen oder das Umformen von Organoblechen – eine speziell für diesen Vorgang ausgelegte Presse nötig macht. Da die benötigten Pressdrücke sowie die Verfahrgeschwindigkeiten je nach Verfahren sehr unterschiedlich sind, wird eine Maschine nur für diese eine Anwendung verwendet. Die 3DSP schließt diese Lücke zwischen den einzelnen Verfahren, denn sie kann durch die hohe Dynamik, energieeffizientes Arbeiten und die hohe Anzahl der verfügbaren Freiheitsgraden des Stößels für jeden dieser Pressvorgänge verwendet werden. Jedoch ist sie innerhalb jedes Prozesses teilweise eingeschränkt. Beispielsweise ist es nicht möglich große Bauteile zu fertigen, da hierzu größere Pressekräfte, eine größere Grundfläche des Presstisches sowie ein höherer Einbauraum notwendig wären. Dennoch bleibt festzuhalten, dass die 3DSP ihre Flexibilität im Bereich der Verarbeitung von Faserverbundwerkstoffen voll ausspielen kann. So ist es denkbar, Manufakturen, die sich mit der Herstellung von Prototypen und Kleinserien befassen, mit diesem Pressentyp auszustatten, wie beispielsweise im Motorsport. Es ist möglich, jeden Pressprozess von nur einer Maschine effektiv durchzuführen ohne unnötige Massen (groß dimensionierte Hubzylinder, Stößel, usw.) zu bewegen und für jeden Verarbeitungsprozess eine dafür angefertigte Maschine anzuschaffen, wie es in der Fließfertigung notwendig wäre (Abbildung 25). Zwischen den einzelnen Prozessen, die mit der 3DSP durchgeführt werden, muss die Maschine lediglich umgerüstet- und das Verarbeitungsprogramm geladen werden.

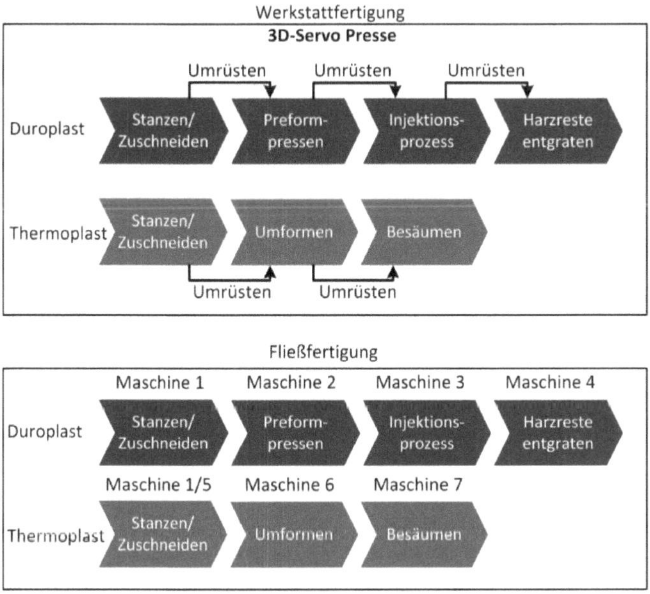

Abbildung 25: Werkstatt- und Fließfertigung

Bei der Umformung von Preforms werden nur geringe Drücke benötigt. Würde man diesen Vorgang mit einer hydraulischen, groß dimensionierten Presse durchführen, die normalerweise für einen Harzinjektionsprozess genutzt wird, so würde durch die großen bewegten Massen viel Energie beansprucht, die nicht nötig wäre, um den Prozess durchzuführen.
Es werden auch Prozesse betrachtet, die zwischen den eigentlichen Hauptprozessen liegen, wie das Stanzen von Organoblechen oder das Besäumen von Preforms. Außerdem zeigt die 3DSP große Potenziale auf, um Organobleche umzuformen, speziell für Geometrien, die viele Freiheitsgrade des Stößels erfordern. Es soll nachfolgend dargestellt werden, für welchen Prozess welche Anforderung an die Presse gestellt wird, um dann demonstrieren, dass jeder dieser Prozesse von der 3DSP durchgeführt werden kann und somit die Nutzung der 3DSP einen großen Nutzen für die Herstellung von Prototypen in Werkstattfertigung aufweist. Anschließend werden verschiedene Bewegungsabläufe erklärt, die mit der 3DSP durchgeführt werden könnten.

7.1.1. Werkzeugkonzept für spezielle Bewegungsabläufe

Die drei möglichen Freiheitsgrade (Hub, Rollen, Nicken) der 3DSP bieten die Möglichkeit im Vergleich zu herkömmlichen Servo- und Hydraulikpressen, spezielle Bewegungsabläufe zu realisieren. Wie in Kapitel 4.2.2.4 beschrieben, können manche Bauteile nicht mittels Metallstempel gefertigt werden, da die benötigte Nachführung des Laminats nicht gewährleistet ist. Es soll im Folgenden ein möglicher Bewegungsablauf dargestellt werden, der die zur Verfügung stehenden Freiheitsgrade ausnutzt, um Geometrien im Bauteil realisieren zu können, die mit herkömmlichen Pressen nicht möglich sind.

Walkbewegung

Die 3DSP bietet durch die Anzahl der Freiheitsgrade die Möglichkeit, eine Walkbewegung durchzuführen, wodurch das Laminat über die Werkzeuggeometrie nachgeführt werden kann und eine Beschädigung des Gewebes (vgl. Kapitel 4.2.2.4) verhindert wird. Die spezielle Kinematik der 3DSP ermöglicht es außerdem, ein Kippen des Werkzeugs beim Einlegen des Bauteils zu realisieren. Nach einer Überprüfung von einem maximalen Kippwinkel von 4° über eine Länge des Presstisches von einem Meter kann eine Anstellung von 35 mm realisiert werden. In Abbildung 26 wird der Bewegungsablauf der Walkbewegung dargestellt.

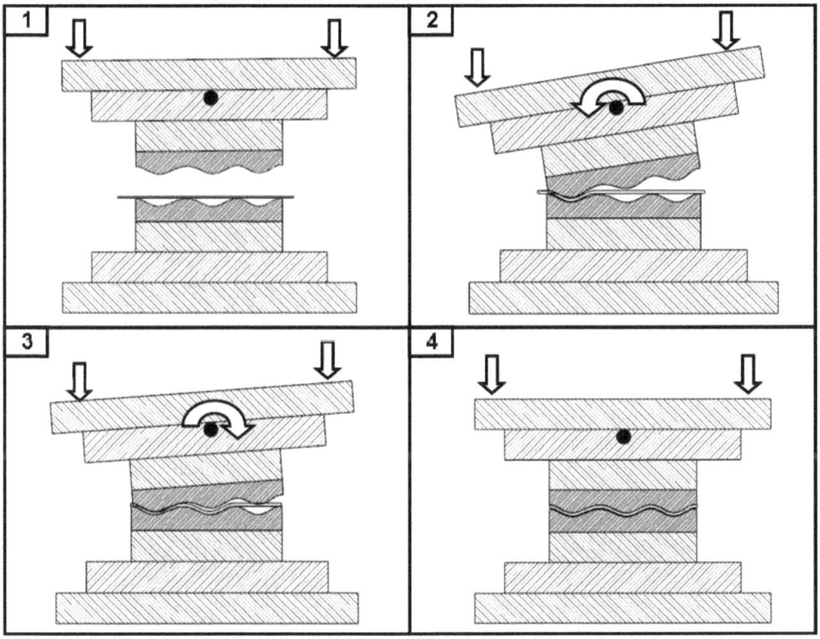

Abbildung 26: Umformung von Organoblechen mittels Walkbewegung

Die Kippbewegung (um die x-Achse) des Werkzeugs wird über drei rotatorische Antriebe umgesetzt, die die eigentliche Kippbewegung erzeugen. Die Zustellung (z-Richtung) auf das Werkstück erfolgt über die Spindelantriebe. Durch die Geometrie des Stempels wird das Laminat in die Kavität nachgeführt, was dazu führt, dass Spannungen im Gewebe verhindert werden können.
Die Exzenter befinden sich im oberen Totpunkt (OT), um die Zugänglichkeit zum Werkzeug zu erhöhen. Ausgehend vom OT fährt Antrieb 1 in den UT und Antrieb 2 in den $UT + x$ (Position im unteren Totpunkt addiert mit dem Stößelweg, der für den maximalen
Kippwinkel notwendig ist). Antrieb 3 befindet sich in der mittleren Lage $(UT + x) \cdot 0{,}5$ der
Antriebe 1 und 2.

Dies führt zu einer Kippung des Stößels nach Abbildung 26-2. Die notwendige Winkelstellung der Exzenter kann über ein mathematisches Programm (basierend auf Mathworks Matlab) bestimmt werden. Hierzu werden die Einbauhöhe und der notwendige Hub des Stößels benötigt, um über eine inverse Transformation (Umwandlung ausgehend von der translatorischen Bewegung des Stößels in eine rotatorische Bewegung des Exzenters über das Hebelsystem) die notwendigen Winkelstellungen der Exzenter zu bestimmen. Eine Reduzierung von x durch die Exzenterantriebe 2 und 3 führt zu einer Reduzierung des Kippwinkels. Für den Prozess ist ein Schließen des Werkzeugs in z-Richtung nötig, das durch den gleichzeitigen Betrieb der beiden Spindelantriebe (Antrieb 4 und 5) realisiert werden kann (Abbildung

26-3). Nachdem das Laminat vollständig in der Kavität drapiert wurde, wird das Werkzeug kraftgebunden und rein translatorisch (z-Richtung) über die Spindelantriebe geschlossen und das Laminat verpresst (Abbildung 26-4). Durch die drei voneinander unabhängigen Exzenterantriebe ist zusätzlich eine Kippkompensation realisierbar, die den Ausgleich exzentrischer Lasten ermöglicht.
Damit während des Pressvorgangs die maximal verfügbare Presskraft zur Verfügung steht ist es erforderlich, dass sich die Exzenter im UT befinden. Aus diesem Grund ist somit zweckmäßig, Abmessungen für das Werkzeug festzulegen, um die optimale Hub- und Einbauhöhe zu bestimmen.
Durch die grobe Auslegung des gesamten Werkzeugs hat sich herausgestellt, dass eine Einbauhöhe (Abstand zwischen Stößel und Pressentisch bei UT der Exzenter) von 600 mm erforderlich ist, um einen Hub von 80 mm realisieren zu können. Darüber hinaus hat sich durch die grobe Auslegung des Werkzeugs gezeigt, dass es möglich ist, den Bewegungsablauf nur mit den Exzentern durchzuführen. Dies hat den Vorteil, dass ein schnellerer Prozess möglich ist, als es mit den Spindelantrieben möglich wäre, da eine rotatorische Bewegung genutzt werden kann und somit Richtungsänderungen der Antriebe während des Prozesses entfallen.

Jedoch ergibt sich aus der Konzeption und Konstruktion des Werkzeugs und der Überprüfung der kinematischen Beziehungen, dass durch die rotatorische Bewegung (Drehung um den schwarzen Drehpunkt) der oberen Werkzeughälfte eine resultierende Kraft/Bewegung der unteren Werkzeughälfte nach links existiert (Abbildung 27).

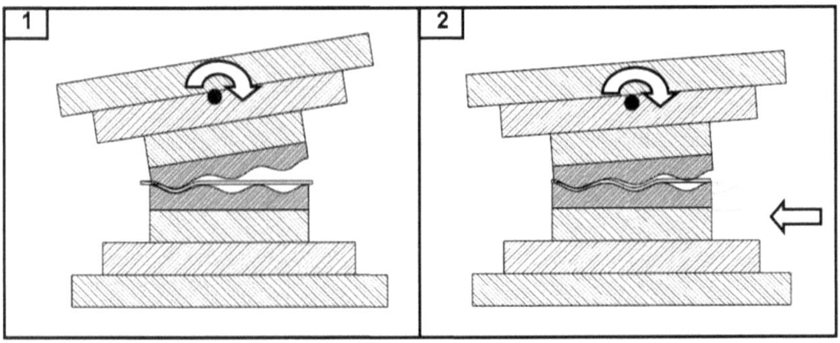

Abbildung 27: Linksbewegung der unteren Werkzeughälfte

Die beiden Werkzeughälften wirken wie ein formschlüssiges Getriebe, wodurch in der unteren Werkzeughälfte sehr große Biegebeanspruchungen resultieren, was zur Folge hat, dass das Werkzeug, das Laminat und die Presse beschädigt werden. Außerdem kann die Formschlüssigkeit der Gesenke nicht mehr gewährleistet werden. Durch eine Linearführung der unteren Werkzeughälfte, die über Federn fixiert ist und den translatorischen Weg in Rotationsrichtung folgt, könnten Beschädigungen der Presse und des Werkzeugs verhindert werden. Allerdings würden an den Kontaktflächen im Werkzeug Kräfte wirken, die die fließfähige Matrix im Laminat verdrängt. Hierdurch resultieren im späteren Bauteil unterschiedliche Wanddicken, was zu vermeiden ist. Ein weiterer Lösungsansatz könnte sein, die untere Werkzeughälfte aktiv nachzuführen, was allerdings eine genaue Regelung erfordert und hohe Investitionskosten zu Folge haben würde.

Eine Lösung für diese Problematik bietet ein Werkzeug, das die aus der Rotation resultierende translatorische Bewegung der Werkzeugunterhälfte durch eine linear gelagerte Werkzeugoberhälfte kompensiert. In Abbildung 28 ist ein solches Konzept schematisch dargestellt. Durch die Linearführungen und den vertikal verschiebbaren Drehgelenken, die mit der Rückwand verbunden (können sich nur auf der gestrichelten Linie bewegen) sind kann gewährleistet werden, dass keine translatorische Bewegung durchgeführt wird. Es werden somit keine horizontalen Kräfte - bei einem symmetrischen Werkzeug - auf das Werkzeug und auf das Bauteil übertragen.
Zusätzlich muss beachtet werden, dass durch die Nachführung des Laminats über das Werkzeug eine vorzeitige Abkühlung und somit eine Erstarrung des Thermoplasts verhindert wird.
Dies ist nur mit einem sehr schnell ablaufenden Bewegungsablauf möglich und muss durch beheizte Werkzeuge unterstützt werden, was zu einer erhöhten Zykluszeit führt. Jedoch ist bei schnellen Prozessgeschwindigkeiten darauf zu achten, dass wie in Kapitel 4.2.2.1 beschrieben, die Reibung zwischen den Fasern geschwindigkeitsabhängig ist und sich somit die benötigte Presskraft erhöht. Darüber hinaus muss untersucht werden, wie sich die Reibung von Laminat und Werkzeugoberfläche auf die Bauteilqualität auswirkt.

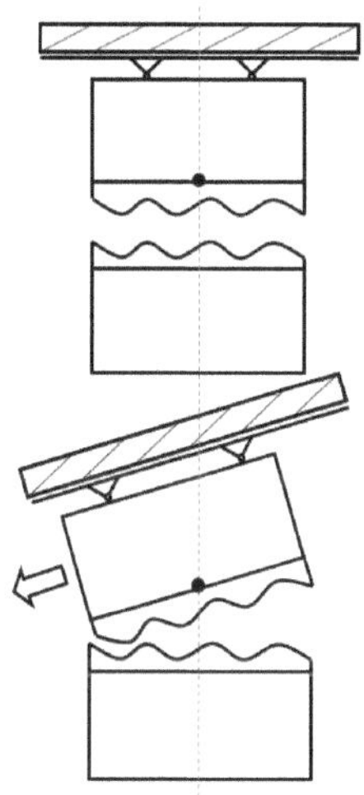

Abbildung 28: Optimiertes Walkwerkzeug

Die Kräfte, die orthogonal zur Kavität wirken und somit ein Verdrängen des flüssigen Matrixwerkstoffs zur Folge haben, können durch dieses Werkzeugkonzept eliminiert werden. Jedoch bleibt anzumerken, dass zwischen Gesenk und Laminatoberfläche durch die Walkbewegung Reibung entsteht, die eventuell Beschädigungen des Laminats zur Folge haben könnte. Um zu überprüfen, ob sich diese Reibvorgänge negativ auf die spätere Bauteilqualität auswirken sind experimentelle Untersuchungen notwendig, die nicht Teil dieser Arbeit sind. Bei der Konzeption des Werkzeugs muss die Höhe des oberen Werkzeugkastens minimiert werden und das untere Drehgelenk an der tiefsten Stelle in einem Wellenberg realisiert werden, um die Horizontalbewegung zu minimieren.

7.1.2. Einsatzgebiete der 3D-Servo-Presse

Durch das große Maß an Flexibilität kann die 3DSP in vielen Bereichen der Herstellung von faserverstärkten Kunststoffen eingesetzt werden. Der **Standardbetrieb** wie beispielsweise den RTM- oder Umformprozess (Kapitel 4.3.3 bzw. Kapitel 4.2.2.4) kann unter Berück-sichtigung der Grenzen (Bauteilgrößen und Pressdruck) durchgeführt werden. Als positiver Faktor kann genannt werden, dass der **erweiterte Betrieb** wie Stanzen und Schneiden ebenfalls von der 3DSP effizient durchgeführt werden können. Die 3DSP wurde ursprünglich als Umformmaschine zur Metallblechumformung konzipiert. Allerdings zeigen die Untersuchungen, dass sie sich ebenfalls für die Verarbeitung von faserverstärktem Kunststoff eignet.
Damit bietet die 3DSP ein großes Potenzial für den Einsatz in Kleinserien (Werkstattfertigung), da dort viele voneinander unabhängige Teile gefertigt werden (Abbildung 25). Es wird nur noch eine Presse für alle Vorgänge benötigt und der Maschinenpark kann gering gehalten werden, was sich in den Kosten und im Platzbedarf widerspiegelt.

In den vorherigen Kapiteln wurden die verschiedenen Verfahren mit duroplastischer und thermoplastischer Matrix aufgezeigt und analysiert. Die Anforderungen an die notwendige Presse konnten von der 3DSP erfüllt werden, insofern die Bauteilgröße und somit auch der nötige Presskraft im Bereich der Grenzen der 3DSP liegt.
Diese Presse kann somit für die Verarbeitung von **duroplastischen RTM-Verfahren**, aber auch für die **Umformung von thermoplastischen Laminaten** eingesetzt werden. Für die aufgezeigten Verfahren bietet die 3DSP als Mehrtechnologiemaschine die Möglichkeit, alle genannten Verfahren auf einer Maschine umzusetzen. Hierfür sind lediglich ein Werkzeugwechsel und eine entsprechende Programmierung der Steuerung notwendig [46]. Es bleibt also festzuhalten, dass die 3DSP eine sehr flexibel einsetzbare Presse ist, die die Kombination von mehreren voneinander unabhängigen Antrieben voll ausspielen kann und hierdurch **spezielle Bewegungsabläufe** (Kapitel 7.1.1) realisieren kann. Die Flexibilität der 3DSP wird in Abbildung 29 verdeutlicht.

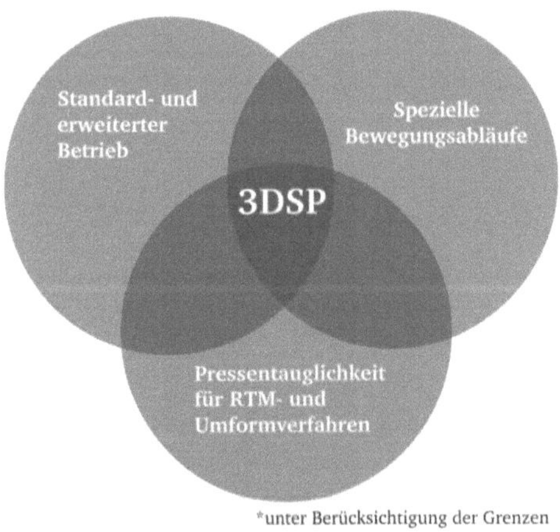

Abbildung 29: Die Flexibilität der 3DSP

8. Zusammenfassung und Ausblick

Es existiert eine Vielzahl unterschiedlicher Herstellungsverfahren für Bauteile aus faserverstärktem Kunststoff. Um die Anforderungen an die Pressentechnik stellen zu können, mussten zunächst die Verbundwerkstoffe und ihre Herstellungs- und Verarbeitungsverfahren betrachtet werden. Jedes Formteil aus Faserverbundwerkstoff hat aufgrund seines späteren Einsatzes bestimmte Anforderungen, die erfüllt werden müssen. Hierdurch sind produktspezifische Herstellungsverfahren und unterschiedliche Werkstoffe erforderlich. In der vorliegenden Arbeit wurden die Verbundwerkstoffe in zwei Werkstoffgruppen - Duroplast und Thermoplast - eingeteilt.

Die Herstellungsverfahren für Formteile aus vorimprägnierten Organoblechen wie das Umformen mittels Metall- oder Elastomerstempel wurden aus der Metallblechumformung adaptiert. Somit kann auf Erfahrungen der Umformtechnik zurückgegriffen werden, um diese an die speziellen Anforderungen der Pressentechnik von Faserverbundwerkstoffen anzupassen. Jedoch entstehen durch die werkstoffspezifischen Eigenschaften der Organobleche Herausforderungen: dies sind die fließende Matrix, die für die Umformung notwendige Temperatur, schnelle Verarbeitungszeiten und die physikalischen Vorgänge während der Umformung. Für den gesamten Herstellungsprozess eines Formteils aus thermoplastischem Material sind unterschiedliche Maschinen notwendig. Folglich wird für den Stanzprozess, der die Organobleche auf die gewünschte Geometrie und Größe überführt, der nachfolgende Umformprozess und die anschließende Besäumung der Organobleche jeweils durch eine speziell für diese Anwendungen ausgelegte Maschine durchgeführt.

Für die Herstellung von Formteilen mit duroplastischer Matrix mittels Harzinjektionsverfahren werden abweichende Anforderungen an die Presse gestellt. Schnelle Schließ- und Öffnungsgeschwindigkeiten sind weniger relevant als bei der Umformung von Organoblechen, da durch die relativ lange Zykluszeit des Prozesses der Schließ- und Öffnungsvorgang einen geringen zeitlichen Anteil am Gesamtprozess einnimmt. Für die Preformherstellung (geringe Presskräfte) und für den eigentlichen Injektionsprozess (große Presskräfte) sowie den nachgelagerten Prozessschritten wie das Entgraten des Harzes wird eine spezielle Pressentechnik benötigt.

Beide Matrixwerkstoffe benötigen somit unterschiedliche Pressen mit speziellen Eigenschaften. Es muss für jeden Matrixwerkstoff und für jeden Teilprozess eine Presse angeschafft werden, um Formteile aus Faserverbundkunststoff effizient und in zufriedenstellender Qualität herstellen zu können.
Anhand der gewonnenen Erkenntnisse der untersuchten Verfahren zur Herstellung von Halbzeugen und Formteilen aus faserverstärktem Kunststoff wurden die Anforderungen (Regelung, Kompensation infolge außermittiger Lasten, benötigter Pressdruck) für den RTM-Prozess untersucht.

Für die Bestimmung der notwendigen Pressentechnik musste zunächst überprüft werden, welche Pressen welche Anforderungen erfüllen, um anschließend einen Pressentyp auszuwählen. Hierzu wurden Hydraulik- und Servopressen und deren Wirkprinzipien verglichen. Anschließend wurde die 3D-Servo-Presse einer herkömmlich eingesetzten Hydraulikpresse gegenübergestellt. Aufgrund des einfachen

Aufbaus der Pressentechnik, den geringeren Investitionskosten und dem geringeren Programmieraufwand konnte durch eine Nutzwertanalyse die Hydraulikpresse favorisiert werden.
Trotz der Vorteile einer Hydraulikpresse bei der Verarbeitung von Faserverbundwerkstoffen beim Injektionsverfahren wurden dennoch die Einsatzmöglichkeiten der 3D-Servo-Presse untersucht.

Wird für ein Verfahren bei der Herstellung von Formteilen in der Großserie nur ein Teilprozess (z.B. die Preformherstellung) betrachtet, bietet die Hydraulikpresse Vorteile, da sie speziell für ein Bauteil und einen festen Prozess ausgelegt wird.

Betrachtet man jedoch die gesamte Produktionskette mit allen Teilprozessen, so kann die 3D-Servo-Presse ihre Flexibilität sinnvoll einsetzen. Die Hubverstellung über die Spindelantriebe, die Kombination von kraft- und weggebundenen Betrieb, die Anzahl der verfügbaren Freiheitsgrade und die genaue Regelung sind Vorteile der 3D-Servo-Presse im Vergleich zu den herkömmlich eingesetzten Hydraulikpressen. Die Realisierung des Standard- und erweiterten Betriebs kann folglich mit nur einer Maschine umgesetzt werden. So ist es erwähnenswert, die aufgeführten Nebenprozesse wie Stanzen und Besäumen, aber auch die Herstellung von Preforms mit nur einer Presse effizient zu fertigen. Des Weiteren bietet die 3D-Servo-Presse die Möglichkeit, sowohl den Injektionsprozess mit duroplastischer Matrix wie auch den Umformvorgang der thermoplastischen Organobleche, in Anbetracht der Grenzen hinsichtlich der Presskraft und der Bauteilgröße durchzuführen.

Die bisher verwendeten Pressen ermöglichen nur die Nutzung eines Freiheitsgrades (Hub) für die Injektion bzw. die Umformung von faserverstärkten Kunststoffen. Durch die Anzahl der verfügbaren Freiheitsgrade der 3DSP sind Bewegungsabläufe möglich, die von anderen Pressen nicht realisierbar sind. Um die Möglichkeiten der 3DSP für spezielle Bewegungsabläufe bei der Verarbeitung faserverstärkter Kunststoffe aufzuzeigen, wurde ein Werkzeugkonzept erstellt, das zwei Freiheitsgrade erfordert. Mit einer herkömmlichen Presse können diese Bewegungsabläufe nicht realisiert werden, da von den Lagern und den Führungen nur ein Freiheitsgrad zugelassen wird und somit nur ein Freiheitsgrad für die Verarbeitung zur Verfügung steht. Bei der Umformung von Organoblechen können Wellenprofile nicht mit einem Metallstempel umgeformt werden, da die Nachführung des Laminats nicht gewährleistet ist. Anders als bei der Umformung von Metallblechen kann das Laminat nicht fließen, was bei zu hohen Zugbeanspruchungen zwischen Wellental und Wellenberg zum Versagen des Laminats führt. Durch die spezielle Kinematik der 3D-Servo-Presse ist es mit dem entwickelten Werkzeugkonzept möglich, eine Walkbewegung durchzuführen und durch diese Bewegung das Laminat automatisch nachzuführen. Diese Vorteile der 3DSP können vor allem in der Kleinserie genutzt werden, wie sie beispielsweise in Manufakturen im Motorsport oder im Prototypenbau zu finden sind. Diese Manufakturen fertigen viele Bauteile mit unterschiedlichen Anforderungen aus duroplastischem- aber auch aus thermoplastischem Material. Für solch eine Manufaktur bietet eine flexible Presse große Vorteile, da eine Presse (unter Beachtung der Grenzen) ausreichend ist, um alle nötigen Teile zu fertigen. Darüber hinaus ist es denkbar, Formteile aus Organoblech umzuformen und anschließend zu lagern, während die Presse für den nächsten Prozess umgerüstet wird. Die umgeformten Organobleche können nun auf derselben Presse effizient besäumt werden. Des Weiteren ist es denkbar, den Umform- und Besäumungsvorgang in einem zusammengeführten Prozess durch ein mehrstufiges Werkzeug zu kombinieren. Jedoch wurde festgestellt, dass die 3DSP in der Großserienproduktion von faserverstärkten Kunststoffen kaum eine Anwendung finden wird, da die Hersteller von großen Stückzahlen, eine speziell für dieses Bauteil ausgelegte Presse verwenden. Dem stehen zusätzlich die noch nicht abschätzbaren Investitionskosten der 3DSP entgegen. In dieser Arbeit wurde aufgezeigt, dass eine für die Metallblechverarbeitung konzipierte Presse durchaus die Anforderungen, die durch die Verarbeitung von faserverstärkten Kunststoffen gestellt werden, erfüllt.

Es bleibt abzuwarten wie sich der Markt der Verbundwerkstoffe in der Zukunft entwickelt. Dies hängt vor allem von BMW ab, denn 2013 wird voraussichtlich das erste Automobil (i3), welches CFK als Massenprodukt beinhaltet, in Serie gehen. Sollten sich die Verarbeitungsverfahren und die eingesetzten automatisierten Prozesse bewähren, werden faserverstärkte Kunststoffe auch in anderen Bereichen Einzug halten.

Wenn zukünftig viele Branchen mit Faserverbunden ausgestatten werden, wird die Nachfrage nach effizienteren Maschinen steigen um die Herstellungskosten zu senken.

Es bleibt somit abzuwarten, ob Servopressen in der Lage sind, die von den hydraulischen Pressen dominierten Bereich zu erobern bzw. zu bereichern, denn auch die Entwicklung der Servopressen geht über zu immer größeren Maschinen mit höheren Presskräften.

9. Abbildungsverzeichnis

Sofern nicht anders angegeben, stammen alle Abbildungen vom Autor.

10. Tabellenverzeichnis

11. Abkürzungsverzeichnis

3DSP	3D-Servo-Presse
ARTM	Advanced Resin Transfer Molding
CFK	Carbonfaserverstärkter Kunststoff
CO_2	Kohlenstoffdioxid
E-Modul	Elastizitätsmodul
EP	Epoxidharz
GFK	Glasfaserverstäkter Kunststoff
HP-RTM	High Pressure Resin Transfer Molding
LCM	Liquid Composite Molding
OT	Oberer Totpunkt
PA	Polyamid
PF	Phenolharz
Prepreg	Preimpregnated Fiber
PUR	Polyurethan
RTM	Resin Transfer Molding
TCP	Tool Center Point
UP	Ungesättigtes Polyesterharz
UT	Unterer Totpunkt
VARTM	Vacuum Astisted Resin Transfer Molding
VDI	Verein Deutscher Ingenieure
VE	Venylesterharze

12. Literaturverzeichnis

[1] Bundesministerium für Umwelt, N.u.R.: *Die EU-Verordnung zur Verminderung der CO2-Emissionen von Personenkraftwagen.* 2009.

[2] EU-Kommission, M.d.: *Begrenzung des globalen Klimawandels auf 2 Grad Celsius.* KOM(2007), 2007.

[3] BMW: *CFK: Extrem leicht und hochgradig stabil.* Internet: http://www.bmw-i.de/de_de/concept/#cfk-extrem-leicht-und-hochgradig-stabil. aufgerufen am: 05.11.2012.

[4] MaschinenMarkt: *Massenoptimierte CFK-Spannfutter erhöhen die Drehzahlgrenzen.* Internet: http://www.maschinenmarkt.vogel.de/themenkanaele/produktion/spanendefertigung/spannmittelundsysteme/articles/2005/. aufgerufen am: 05.11.2012.

[5] Dieffenbacher: *Kooperationsvereinbarung zwischen KraussMaffei und Dieffenbacher.* Internet: http://www.dieffenbacher.de/aktuelles/alle-news/details/news/kooperationsvereinbarung-zwischen-kraussmaffei-und-dieffenbacher-1/29/neste/3.html. aufgerufen am: 05.11.2012.

[6] Neitzel, M. and Mitschang, P.: *Handbuch Verbundwerkstoffe.* 2004, München: Carl Hanser Verlag.

[7] Ehrenstein, G.W.: *Faserverbund-Kunststoffe.* 2006, München: Carl Hanser Verlag.

[8] Hufenbach ,P., et al.: *Faserverbundbauweise steigert die Federleistung.* Internet: http://www.maschinenmarkt.vogel.de/themenkanaele/konstruktion/werkstoffe/articles/379440/index2.html. aufgerufen am: 05.11.2012.

[9] Henninger, F.: *Beitrag zur Entwicklung neuartiger Fertigungsverfahren zur Herstellung von Bauteilen aus kontinuierlich faserverstärkten Thermoplasten.* Dissertation - Fachbereich für Maschinenbau und Verfahrenstechnik 2005. Technische Universität Kaiserslautern.

[10] Berthold, U.: *Beitrag zur Thermoformung gewebeverstärkter Thermoplaste mittels elastischer Stempel.* Dissertation - Fakultät für Maschinenbau und Verfahrenstechnik 2001. Technische Universität Chemnitz.

[11] Herrmann, P.D.A.: *Organofolien: Verstärkte Folien aus orientierten, recycelten Kohlenstofffasern.* 09/2010.

[12] Nowacki, J., Mitschang, P. and Neitzel, M.: *Thermoformen von GFK. Verlgeich zwischen Metall- und Silikonstempeln.* Kunststoffe, 6/1999.

[13] Mayer, C., Wang, X. and Neitzel, M.: *Macro- and micro-impregnation phenomena in continuous manufacturing of fabric reinforced thermoplastic composites.* Composites Part A: Applied Science and Manufacturing, 1998. **29**: p. 783-793.

[14] Ermanni, P.: *Composites Technologien*. 2004, Vorlesungsskript. ETH Zürich.

[15] Engel, B. and Junge, M.: *Gleitziehbiegen endlosverstärkter Thermoplaste*. Lightweightdesign, 4/2012: p. 47-51.

[16] Breuer, U.P.: *Beitrag zur Umformtechnik gewebeverstärkter Thermoplaste*. Dissertation - Fachbereich für Maschinenbau und Verfahrenstechnik 1997. Technische Universität Kaiserslautern.

[17] Achternbosch, M., et al.: *Analyse der Umweltauswirkung bei der Herstellung, dem Einsatz und der Entsorgung von CFK- bzw. Aluminiumrumpfkomponenten*, 2003, Forschungszentrum Karlsruhe.

[18] Scherer, R. and Friedrich, K.: *Inter- and intraply-slip flow processes during thermoforming of cf/pp-laminates*. Composites Manufacturing, 1991. **2**: p. 92-96.

[19] Scherer, R., Verein Deutscher Ingenieure, and H.-H. Technische Universität: *Charakterisierung des Zwischenlagenabgleitens beim Thermoformen von kontinuierlich faserverstärkten Polypropylen-Laminaten /--Roger Scherer*, 1993, Düsseldorf :VDI-Verlag.

[20] Hou, M.: *Zum Thermoformen und Widerstandsschweißen von Hochleistungs-verbundwerkstoffen mit thermoplastischer Matrix*. 1993.

[21] Murtagh, A.M. and P.J. Mallon: *Chapter 5 Characterisation of shearing and frictional behaviour during sheet forming*, in *Composite Materials Series*, D. Bhattacharyya, Editor. 1997, Elsevier. p. 163-216.

[22] Bhattacharyya, D.: *Composite Sheet Forming*. 1997: Elsevier.

[23] TEPEX: *Material Data Sheet*, 2009, Bond Laminates.

[24] Zahlan, N. and O'Neill, J.M.: *Design and fabrication of composite components; the spring-forward phenomenon*. Composites, 1989. **20**: p. 77-81.

[25] Fischer, H. and Bräuner, R.: *Organofolien aus rezyklierten Kohlenstofffasern — neue Wege für CFK-Halbzeuge in der Serienproduktion*. Internet: http://www.thermocomp.de/fileadmin/bilder/download/Fischer_FI-Bremen.pdf. aufgerufen am: 06.11.2012.

[26] Finanzen.net: *Aluminiumpreis*. Internet: http://www.finanzen.net/rohstoffe/aluminiumpreis. aufgerufen am: 06.12.2012.

[27] Mennig, G.: *Werkzeugbau in der Kunststoffverarbeitung: Bauarten, Herstellung, Betrieb*. 2008: Hanser.

[28] Robroek, L.: *The Development of Rubber Forming As a Rapid Thermoforming Technique for Continuous Fibre Reinforced Thermoplastic Composites*. Dissertation - Delft University Press 1994. University Delft.

[29] Würtele, M., J. Renkl, and J. Mitzler: *Hoch beanspruchte Strukturbauteile in Serie*. Kunststoffe, 3/2011.

[30] Holschuh, R., Becker, D. and Mitschang, P.: *Verfahrenskombination für mehr Wirtschaftlichkeit des FVK-Einsatzes im Automobilbau.* Lightweightdesign, 4/2012: p. 14-19.

[31] Lanxess: *Leichtbau unter besonderer Berücksichtigung von Organoblechen.* Internet: www.lanxess.de. aufgerufen am: 20.11.2012.

[32] Drummer., D., et al.: *Herstellung von CFK-Bauteilen durch Direktimprägnierung mit Thermoplasten in der Spritzgießmaschine.* Lightweightdesign, 3/2012: p. 56-61.

[33] Henne, M., K. Bender, and Spanner, H.: *Schlagzähe Composites für den Flugzeugbau.* 4. Rapperswiler Kunststoff-Forum, 2009.

[34] Siegrist, M.: *Wirtschaftliche RTM-Prozesstechnologien für die Herstellung von CFK-Motorradfelgen.* Dissertation - Zentrum für Strukturtechnologien 2005. ETH Zürich.

[35] Flemming, M., Ziegmann, G. and Roth, S.: *Faserverbundbauweisen: Fertigungsverfahren Mit Duroplastischer Matrix.* 1999: Springer.

[36] Henningsen, M.: *Matrixsysteme für den Leichtbau der Zukunft.* Lightweightdesign, 4/2012: p. 32-37.

[37] Rapperswil, T., et al.: *RTM-Prozesse simulieren.* Internet: http://www.kunststoffe.de/ku/o_np.asp?task=1&p_id=20100512131715. aufgerufen am: 06.11.2012.

[38] Luo, J., et al.: *Optimum tooling design for resin transfer molding with virtual manufacturing and artificial intelligence.* Composites Part A: Applied Science and Manufacturing, 2001. **32**: p. 877-888.

[39] Adam, W. and Woebcken, W.: *Duroplaste.* 1988: Hanser.

[40] Michaeli, W. and Fischer, K.: *Spaltimrägnierverfahren für schnellere Herstellung von Hochleistungsbauteilen.* Lightweightdesign, 1/2010.

[41] Michaeli, W. and Fischer, K.: *Untersuchung zur Fertigung von flächigen Bauteilen aus fserverstärkten Kunststoffen mithilfe des Spaltimprägnierverfahrens.* Kunststofftechnik, 4/2008.

[42] Fries, E., Renkl, J. and Schmidhuber, S.: *Mit vernetzter Kompetenz zum Hochleistungsbauteil.* Kunststoffe, 9/2011: p. 52-56.

[43] Luginger, F.: *Passiv-hydraulische Kippungskompensation.* wt Werkstattstechnik online, 10-2003: p. 675.

[44] RUCKS: *Hochdruck-RTM Pressanlage für hohe Prozess-Anforderungen.* Internet: http://www.rucks.de/. aufgerufen am: 05.11.2012.

[45] Groche, P.: *Maschinen der Umformtechnik I+II.* Vorlesungsskript. TU Darmstadt.

[46] Groche, P., et al.: *Rechnet sich Flexibilität in der Umformtechnik?* wt Werkstattstechnik online, 10-2010: p. 734-742.

[47] Groche, P., et al.: *Erste Erfahrungen bei dem Einsatz einer Servormotorpresse in der Kaltmassivumformung.* Institut für Produktionstechnik und Umformmaschinen, Technische Universität Darmstadt.

[48] Groche, P. and Scheitza, M.: *Servo-Presse mit drei Stößelfreiheitsgraden.* wt Werkstattstechnik online, 10-2007: p. 760-765.

[49] Groche, P. and Schneider, R.: *Method for the Optimization of Forming Presses for the Manufacturing of Micro Parts.* CIRP Annals - Manufacturing Technology, 2004. **53**: p. 281-284.

[50] Rüger, H. and Kraus, J.: *Servopumpe stößt Pressenhydraulik in eine höhere Effizienzklasse.* Internet: http://www.maschinenmarkt.vogel.de/themenkanaele/konstruktion/antriebstechnik_steuerungstechnik/articles/368648/. aufgerufen am: 05.11.2012.

[51] Schuler: *Pressenbaureihe CHAP.* Internet: http://www.schulergroup.com. aufgerufen am: 05.11.2012.

[52] Holzbaur, U.: *Entwicklungsmanagement: Mit hervorragenden Produkten zum Markterfolg.* 2007: Springer.

[53] VDI: *Konstruktionsmethodik: Technisch-wirtschaftliche Bewertung.* VDI-Richtlinien Blatt 3, 1998.